ARTHUR MANGIN

LES
DÉSERTS TORRIDES

ET LES

DÉSERTS GLACÉS

ILLUSTRATIONS

PAR YAN'DARGENT, FOULQUIER ET W. FREEMAN

TROISIÈME ÉDITION

TOURS

ALFRED MAME ET FILS, ÉDITEURS

M DCCC LXXXVI

LES

DÉSERTS TORRIDES

ET LES

DÉSERTS GLACÉS

IN-8º ILLUSTRÉ

Vue de l'Atlas (région des plateaux).

AVANT-PROPOS

Le cadre de cette étude serait bien restreint, si nous prenions le mot *désert* dans son acception la plus rigoureuse. Nous n'aurions alors à considérer que ces régions désolées que l'inclémence du ciel et l'incurable stérilité du sol semblent à jamais exclure du domaine de l'homme.

Mais par une licence que, du reste, l'usage autorise, nous pouvons attribuer à ce terme un sens plus étendu. Nous pouvons appeler *déserts*, non seulement les mers de sable de l'Afrique et de l'Asie, les champs de glace des pôles et les crêtes inaccessibles des grandes chaînes de montagnes, mais toutes les contrées où l'homme n'a établi ni cités ni demeures fixes; où la terre n'a pas été appropriée, défrichée et mise en culture; où la nature a maintenu, contre les conquêtes de l'industrie humaine, son inviolabilité. Toutefois on se borne à considérer ici le désert sous ses deux aspects les plus caractéristiques et dans les conditions qui en font non pas un accident à la surface du globe, mais un fait naturel que l'homme ne pourra supprimer, — s'il y parvient jamais, — qu'au

prix d'efforts et de sacrifices demeurés jusqu'ici au-
dessus de ses forces : je veux dire dans les contrées où
l'excès de la chaleur d'une part, l'excès du froid d'autre
part, opposent à ses empiétements des obstacles plus
redoutables, et sans doute en partie insurmontables.

Nous n'aurons donc guère sous les yeux que le morne
spectacle d'âpres solitudes, où le sol se refuse presque
à toute production, où le voyageur le plus intrépide ne
s'aventure qu'en frémissant, et que les bêtes fauves
elles-mêmes hantent plutôt qu'elles ne les habitent :
lugubres séjours au seuil desquels on pourrait écrire,
comme sur les portes de l'enfer :

> Lasciate ogni speranza, voi ch' entrate.

Mais encore ces déserts ne laissent-ils pas d'offrir
amplement matière à l'admiration de l'artiste, aux mé-
ditations du penseur, aux recherches du naturaliste et
du physicien. Ils ont ce genre de beauté qui est propre
à la grandeur, et qui frappe si vivement dans l'Océan.
Comme l'Océan aussi, ils éveillent dans l'âme le sentiment de l'infini. Ils lui font oublier les régions tumul-
tueuses où s'agitent de petites passions, où se débattent
des intérêts éphémères, pour la transporter dans les
espaces sans bornes, « parmi les sphères éternelles, »
ou pour la laisser se replier en elle-même et s'inter-
roger sur sa propre destinée. Enfin, que de graves pro-
blèmes se posent au désert devant l'homme de science !
Et d'abord, pourquoi la fécondité, la vie ailleurs ; ici la
stérilité, la mort ? Pourquoi cette malédiction irrévo-
cable qui semble peser sur telles parties du globe, tandis
que d'autres sont comblées de tous les dons ? C'est en
examinant la constitution du sol et celle du climat qu'on

trouve le mot de cette énigme, qu'on reconnaît dans cette apparente anomalie un effet nécessaire des lois harmoniques de l'univers. Puis le désert a sa géologie et sa météorologie propres; il est le théâtre de phéno-mènes spéciaux, qu'on n'observe point dans les pays plus favorisés. La vie même n'en est pas complètement absente : les spécimens des règnes organiques y sont rares sans doute, mais par cela même plus curieux à connaître.

Enfin l'homme même y a laissé sa trace, incessam-ment effacée et renouvelée. Il semble qu'il ne puisse se résoudre à voir ces solitudes soustraites à sa domina-tion. Il cherche opiniâtrément, sinon à y fixer sa de-meure, au moins à s'y tracer des voies plus sûres et plus rapides; il ne renonce pas à les modifier, à les transformer sur certains points; il veut surtout et à tout risque les connaître. Déjà d'intrépides explorateurs ont parcouru en tous sens les mers de sable, gravi les plus hautes cimes des montagnes et poussé leurs recon-naissances à travers les glaces jusqu'au voisinage des pôles. On ne compte plus ceux qui ont trouvé la mort dans ces expéditions téméraires; mais tant d'exemples funestes, loin de décourager les héros de la science, en font chaque jour surgir de nouveaux. C'est grâce à leurs travaux que nous possédons aujourd'hui des notions exactes sur ces contrées jadis inconnues, et réputées pendant tant de siècles absolument inaccessibles.

INTRODUCTION

LES DÉSERTS EN FRANCE

—

I

LES LANDES

Un Français empêché par ses travaux, par la médiocrité
de sa fortune ou par ses affections, d'entreprendre de lointains
voyages, peut, sans quitter sa patrie, se former une idée du
désert. Il trouvera encore dans notre pays si cultivé, si industrieux, quelques coins où il lui sera permis d'oublier les
cités bruyantes, les champs en damier, les jardins géométri-
quement dessinés, les murs et les grilles de clôture, les routes
nationales et les chemins de fer. Il y trouvera même çà et là
comme des fac-simile des plaines brûlées par la zone tropicale ou subtropicale ; et pourvu qu'il s'y transporte en plein
été, par un ciel sans nuages, sous le rayonnement d'un chaud
soleil de juillet ou d'août, il pourra, l'imagination aidant, se
croire transporté en plein désert torride. A quelques lieues
de Paris, il rencontrera dans la forêt de Fontainebleau des
sites d'une majesté vraiment sauvage : par exemple, les rochers de Franchart, les gorges d'Apremont, et surtout les
sables d'Arbonne, une réduction du Sahara algérien ou du
désert des montagnes Rocheuses. Ce sera mieux encore s'il

veut pousser jusqu'aux landes de Bretagne et de Gascogne, ou jusqu'aux dunes de notre côte sud-ouest.

La Bretagne est celle des provinces françaises qui a le plus longtemps et le plus énergiquement résisté à la civilisation, aux idées, aux institutions modernes, et le mieux maintenu son caractère primitif : j'entends à la fois le caractère du pays et celui des habitants. Le pays est accidenté, montagneux même, dans sa région médiane. Ses montagnes sont de médiocre élévation : les plus hautes ne dépassent pas cinq cents mètres ; mais elles sont arides, rudes et tristes d'aspect ; ses côtes sont bordées de falaises abruptes, et ses plages semées de fragments de roc, dont plusieurs affectent des formes bizarres et des dimensions énormes.

Au point de vue géologique, la Bretagne est considérée comme un prolongement des montagnes de l'Angleterre, à laquelle elle aurait été autrefois réunie, ainsi que la côte nord-ouest de la France, et dont un crevassement formidable, une *faille* immense, l'aurait séparée en laissant la mer s'interposer entre le continent et la Grande-Bretagne, devenue dès lors une île. Quoi qu'il en soit de cette hypothèse, le sous-sol entier de la Bretagne française appartient aux formations primitives et intermédiaires. Il se divise en trois bandes ou tranches longitudinales : celle du nord et celle du sud sont composées de terrains primitifs, granits et porphyres ; celle du milieu est de formation plus récente, et appartient au groupe des terrains intermédiaires, composés essentiellement de schistes et de micaschistes, de quartz et de gneiss. Le schiste domine sur une très grande étendue, et se prolonge jusqu'à l'extrémité de la presqu'île. Ces roches dures, compactes, difficilement perméables, sont entièrement nues en beaucoup d'endroits ; ailleurs, et sur une grande étendue, elles ne sont recouvertes que d'une mince couche de terre argileuse et sablonneuse, où les pentes du sol ne laissent guère séjourner l'eau des pluies.

Ce sont ces étendues, souvent considérables, hérissées de rochers, coupées çà et là de ravins, de cours d'eau et de marais, qui constituent les landes de Bretagne, vrais déserts où s'élèvent à peine çà et là des cabanes isolées, où des vaches naines, des porcs, de maigres chevaux errent, le plus ordinairement sans gardien, et que recouvre un tapis de bruyères semé de touffes de fougères, de genêts et d'ajoncs.

Ces landes ont, sous le ciel ordinairement gris de cette contrée, un aspect sinistre. Quelques-unes offrent aux regards du voyageur ces fameuses pierres druidiques : *menhirs* et *peulvens* (pierres du souvenir, monuments commémoratifs), *dolmens* (tables massives), *cromlechs* (pierres disposées en cercle autour d'un menhir ou d'un dolmen central), dont l'origine et les destinations respectives occupent encore les archéologues. Sur ces mêmes dolmens où les prêtres de Teutatès immolaient à leur dieu des victimes humaines, les sorciers et les sorcières venaient au moyen âge célébrer la *messe noire*, la messe de Satan, préparer leurs philtres et évoquer les esprits, les *nains* et les fées. De nos jours encore plus d'une croyance superstitieuse s'attache à ces monuments grossiers de l'époque celtique. On les croit hantés par des démons, par des *poulpiquets* qui jouent de mauvais tours aux voyageurs étrangers, et accordent parfois leurs conseils et leur appui à ceux qui savent les leur demander dans les formes voulues ; car, dans l'esprit inculte du peuple breton, les superstitions du druidisme n'ont pu être déracinées par les enseignements du christianisme, encore moins par ceux de la science et de la raison.

C'est dans l'ancienne Cornouaille, particulièrement dans la Cornouaille du Nord, que la Bretagne apparaît sous son aspect le plus désolé, avec ses chaînes de noires collines sans arbres, ondulant sous leurs tapis de bruyères ; avec ses déserts d'ajoncs et de genêts, ses ruines tombant pierre à pierre le long des chemins, ses maigres troupeaux errant dans les landes, et sa population rare, ignorante et farouche. En vérité, ces pauvres gens sont encore bien près de la vie sauvage. Ceux qui vivent près des côtes ne font guère d'autre métier que de pêcher les goémons et de ramasser des épaves. Au fond, ils ont les qualités et les défauts des caractères fortement trempés, mais absolument incultes. Durs, tenaces, courageux, ils deviennent d'excellents marins : la mer est pour eux comme une seconde patrie. Le progrès, qu'ils ne comprennent pas, leur inspire une sorte de terreur, une sombre défiance. Ce sont eux qui naguère assaillaient à coups de pierres les agents des ponts et chaussées chargés de la construction des chemins de fer, et qui, la voie établie, mettaient des poutres en travers pour faire dérailler les convois. Mais la civilisation moderne se fera jour dans leurs contrées; peu à peu ils en sentiront le prix et en accepteront les bienfaits.

La Cornouaille du Nord a été appelée par Pitre-Chevalier « l'Arabie Pétrée de la Bretagne ». On pourrait aussi justement appliquer à cette âpre région, peuplée seulement de visions fantastiques, le nom de *pays de la peur,* donné par les Arabes au grand désert. Moins vive peut-être, mais plus profonde et plus grave est l'impression produite par les landes et les dunes de Gascogne. Ces déserts du Midi, « introduction et vestibule de l'Océan, » selon l'expression de Michelet, parlent moins à l'imagination. Là peu ou point de souvenirs historiques, de traditions et de légendes merveilleuses, dont le poète et le fantaisiste puissent animer leurs descriptions; point de monuments séculaires auprès desquels ils puissent évoquer les ombres des héros et des prêtres de l'ancienne Gaule; et, ces choses manquant, que reste-t-il pour eux? Rien. Mais le naturaliste y trouve ce qu'il cherche surtout en s'éloignant des lieux où règne la civilisation; il y voit à l'œuvre les mêmes forces qui ont présidé aux révolutions de la surface du globe; il y assiste à des phénomènes qui s'accomplissent avec la même régularité qu'au temps où l'homme était absent de la terre. Ces plaines dépouillées, inhospitalières, tour à tour arides et marécageuses, ces étangs, ces montagnes de sables mouvants parlent clairement à son esprit et lui racontent leur propre histoire, qui n'est pas un des épisodes les moins curieux de l'histoire du monde physique.

Le département qui emprunte son nom aux landes de Gascogne est divisé par l'Adour en deux parties tout à fait dissemblables. Au sud du fleuve, c'est un pays riche, accidenté, bien cultivé en vignes, pâturages et moissons, parsemé de villages où respirent le bien-être et la gaieté, de riantes maisons de campagne, arrosé par de grands ruisseaux et de pe-

'tites rivières. Au nord, l'aspect du paysage change presque brusquement. Dès qu'on a passé la zone d'alluvion du fleuve, on n'a plus devant soi qu'une contrée plate, d'une formation maritime toute récente, sablonneuse, maigre, aride. Les cultures se réduisent d'abord à des champs de seigle, de millet et de maïs, et la végétation naturelle à des forêts de pins et à quelques bouquets de chênes ; puis toute culture cesse, le sol se dépouille de verdure ; on entre dans des landes immenses comme une mer, entrecoupées de marais éternels ou périodiques, et où, sur un espace de plusieurs lieues carrées, c'est-à-dire dans un horizon sans limites, on n'aperçoit que des bruyères, des parcs ou des bergeries pour les troupeaux de brebis qui parcourent ces déserts, et des bergers préposés à la garde de ces animaux, vivant entre eux et n'ayant de commerce avec le reste des humains que pour se procurer tous les huit jours, chez leurs maîtres, la nourriture de la semaine. Ce sont ces bergers seuls (*Landescots* et *Aouillys*), et non, comme on le croit communément en France, tous les paysans landais, qui sont perchés sur des échasses, afin de surveiller de plus loin leurs troupeaux et de pouvoir traverser les marécages qui fréquemment se rencontrent devant leurs pas.

On distingue, dans cette partie de la Gascogne, les petites landes, qui avoisinent Mont-de-Marsan ; et les grandes landes, qui s'étendent au nord et à l'ouest du département dont cette ville est le chef-lieu, et se relient sans interruption avec celles qui occupent la vaste contrée située au sud de la Gironde. La superficie totale de ces plaines est évaluée à plus de douze cent mille hectares, dont les deux tiers environ appartiennent au département des Landes, et le reste à celui de la Gironde. Mais il ne faut pas croire que ce pays soit un désert dans l'acception absolue du mot : il s'y trouve des forêts de pins, où l'extraction et la préparation des matières résineuses s'exercent avec beaucoup d'activité ; il y a même çà et là de petites villes, de jolis villages, des usines, et même de belles villas, dont les habitants entretiennent entre eux les rapports de la meilleure compagnie. Enfin l'industrie moderne a coupé en deux les landes par le chemin de fer de Bordeaux, qui les traverse du nord au sud et se bifurque à Morans pour se rendre d'une part à Bayonne, de l'autre à Tarbes.

Les grandes landes figurent à peu près un immense triangle rectangle, ayant pour hypoténuse la côte qui, de l'embouchure de la Gironde à Bayonne, c'est-à-dire sur une longueur de plus de soixante lieues, est presque rectiligne. Mais elles sont séparées de la mer d'abord par de grands étangs, puis par la chaîne continue des dunes. Je reviendrai tout à l'heure sur ces dunes, qui sont une forme particulière du désert, et dont l'origine et les envahissements méritent d'être étudiés d'une manière spéciale.

Ce qu'on appelle communément la « Grande-Lande » ne dépasse pas, au nord, l'étang de Cazau. C'est une plaine sablonneuse, absolument dépourvue d'arbres, et sur laquelle on n'aperçoit, pendant un trajet de plusieurs lieues de l'est à l'ouest, aucune habitation digne de ce nom, jusqu'à ce qu'enfin on atteigne le bourg de Mimizan, situé à la pointe méridionale de l'étang d'Aureilhan. Cet étang se déverse au sud-ouest dans la mer. Il communique, au nord, par le canal de Sainte-Eulalie, avec l'étang de Biscarosse, qui lui-même se relie à celui de Cazau. La lande règne sur la rive orientale de ce chapelet d'étangs, qui, du côté occidental, baigne le pied des dunes.

L'étang ou lac de Cazau est une petite mer d'eau douce, d'une limpidité parfaite, d'une grande profondeur, et qui n'a pas moins de sept mille hectares d'étendue. Ce lac a sa houle et ses tempêtes; il n'est pas prudent de s'y aventurer par tous les temps; il ne lui manque enfin, pour rivaliser avec celui de Genève et les beaux lacs d'Italie, pour attirer la foule des curieux et des touristes, que des rives plus accidentées et plus pittoresques. L'étang de Biscarosse, bien que moins vaste, est aussi de dimensions fort respectables. Il a près de six mille hectares de superficie. Ses eaux ne sont pas moins limpides que celles du lac de Cazau. Sa forme est celle d'un triangle, dont un des côtés s'appuie contre les dunes. Le village qui lui donne son nom est situé à l'angle nord, sur la rive du chenal qui le réunit au lac de Cazau. L'étang d'Aureilhan est le plus petit des trois; le canal de Sainte-Eulalie,

Les sables d'Arbonne.

par lequel il se rattache au précédent, traverse des marais tourbeux bornés à l'est par des forêts de pins, et à l'ouest par l'interminable chaîne des dunes, qui, en arrêtant l'écoulement des eaux pluviales, a donné naissance à ces lacs et à ces marais. En effet, d'énormes quantités de pluie tombent chaque année dans les landes, et trouvent, au-dessous de la couche de sable ou de terre, qui est d'une faible épaisseur, un sous-sol de *tuf* et *d'allios*, c'est-à-dire de calcaire compact et de sable agglutiné par un sédiment ferrugineux. Ce *tuf* a souvent la dureté de la pierre, et sa propriété fondamentale est d'être imperméable. Il suit de là qu'une partie des eaux pluviales séjourne dans les endroits où les dépressions du terrain lui offrent des réceptacles, et forme là des marais, des lagunes, qui persistent jusqu'à ce que les chaleurs du printemps soient venues activer son évaporation; mais qu'une grande partie aussi s'écoule du côté de la mer, où elle irait se perdre si les dunes ne lui barraient le passage. Ces remparts naturels l'ont obligée dès longtemps à se creuser des lits plus ou moins vastes, plus ou moins profonds, qui sont devenus, comme je l'ai dit, de petites mers communiquant entre elles, et qui n'ont pu qu'à grand'peine s'ouvrir une étroite issue vers l'Océan.

Un fait bien remarquable, c'est que, par suite de l'invasion des dunes, ces lacs ont été constamment refoulés vers l'intérieur. Heureusement de grands travaux, entrepris il y a quelques années, ont arrêté ces empiétements du sable sur les lacs et des lacs sur les landes : d'une part en fixant, en solidifiant, pour ainsi dire, les dunes; d'autre part en facilitant dans les landes l'écoulement des eaux. Les landes ont donc été déjà rendues plus praticables. La culture du pin et l'industrie agricole des substances résineuses y ont pris notamment une extension considérable, et le temps n'est pas très éloigné peut-être où ces déserts auront disparu ; où ces plaines à l'aspect sinistre, qui nourrissent à grand'peine de chétifs troupeaux et n'offrent à l'homme aucune ressource, aucun abri, seront transformées en vertes prairies ou couvertes d'épaisses forêts.

Rien, on peut l'affirmer, n'aura plus puissamment con-

tribué à cet heureux résultat que l'endiguement des dunes.
Là était, en effet, le vrai fléau de cette contrée ; là était le
désert mouvant, la mer toujours montante qui avait déjà englouti des forêts, des villages, des villes même, sous ses flots
de sable, et refoulé devant elle les rares habitants de la côte.

II

LES DUNES

On pourrait appeler les dunes des *alluvions atmosphériques*.
Elles sont dues exclusivement à la prédominance des vents
du large sur les côtes qui ne sont point protégées par des falaises, et dont les plages sablonneuses descendent en pente
douce sous les flots. Leur formation s'explique de la manière
la plus simple. On sait que le sable n'est autre chose qu'une
matière siliceuse réduite en très petits grains ordinairement
arrondis par le frottement. Ces grains toutefois sont encore
trop gros et trop pesants pour que le vent puisse les emporter
au loin et les éparpiller comme la poussière des routes ou les
cendres des volcans. Mais lorsque la mer est basse, le sable,
desséché par les rayons du soleil et par le vent lui-même,
offre à ce dernier assez de prise pour être soulevé, entraîné
sur les pentes qui descendent vers la mer, et déposé à une
certaine distance. Il forme ainsi des amas qui s'étendent et
grossissent incessamment sous l'influence de la même action.

On comprend sans peine que cette accumulation de sables
le long du rivage ne saurait avoir lieu là où la direction et la
force du vent éprouvent des changements périodiques ou ca-
pricieux ; car alors les sables apportés sur la terre par les
vents du nord et de l'ouest seraient rejetés dans la mer par
les vents du sud et de l'est. C'est ce qu'on observe en beaucoup d'endroits où la nature du rivage semble d'ailleurs favo-

rable à la production du phénomène. Mais sur d'autres côtes, par exemple sur le littoral atlantique de la France, ce sont les vents d'ouest et de sud-ouest qui soufflent le plus ordinairement et avec le plus de force. Aussi les dunes se rencontrent-elles sur plusieurs parties de ce littoral. Celles de Gascogne sont de beaucoup les plus remarquables. Elles s'étendent au nord jusqu'à la pointe de Grave, qui resserre l'embouchure de la Gironde; au sud, jusqu'à la rive de l'Adour, et même au delà, jusqu'aux falaises du Béarn. Le bassin d'Arcachon y constitue une vaste échancrure, et quelques coupures existent en outre dans le département des Landes, entre ce bassin et l'Adour, pour l'écoulement des eaux qui descendent de l'intérieur des terres. Au nord et au sud de la Teste de Buch, la chaine des dunes a de quatre à six kilomètres de large; en d'autres points elle est plus large encore; mais elle se rétrécit vers les extrémités, et près de Bayonne, ainsi qu'à la pointe de Grave, sa largeur ne dépasse pas quatre cents mètres.

L'extrème mobilité de leur sol ne permet pas aux dunes d'atteindre de grandes hauteurs. Le sable que le vent a porté jusqu'au sommet du monticule s'y trouve dans un état d'équilibre très instable; il tend toujours à être précipité sur l'autre versant, et cette tendance est d'autant plus forte que le sommet est plus élevé; en sorte qu'il arrive un moment où tout nouvel exhaussement devient impossible. La dune peut alors s'étendre, se dédoubler en quelque sorte, par des éboulements successifs; mais elle ne s'élève plus. Notons d'ailleurs qu'en raison de sa densité le sable ne peut être emporté, même par les vents les plus violents, dans les régions supérieures de l'atmosphère, et que les dunes, parvenues à une certaine altitude, lui opposent un obstacle qu'il ne peut franchir. Cette circonstance aurait ainsi un effet salutaire, et l'accumulation du sable se limiterait d'elle-même si les dunes, une fois formées, pouvaient s'affermir. Mais il n'en est pas ainsi : le vent défait ou modifie continuellement son œuvre, et les collines les plus élevées, étant les plus exposées à sa violence, ne tardent pas à être ramenées au niveau commun. En général, la plus grande hauteur des dunes

Dunes de Gascogne.

correspond à leur plus grande largeur. Aussi le point culminant des dunes de Gascogne se trouve-t-il dans la zone située entre les étangs de Cazau et de Biscarosse, où la chaîne occupe une largeur de sept à huit kilomètres. La hauteur moyenne y est de cinquante mètres au-dessus du niveau de la mer; mais on voit dans la forêt de Biscarosse quelques collines qui atteignent une altitude de cent mètres. Dans le voisinage des embouchures de la Gironde et de l'Adour, où la chaîne se rétrécit considérablement, la hauteur des monticules n'est que de dix à quinze mètres.

Il ne faudrait pas croire que les dunes consistent en une seule série de monticules longeant le rivage. Ce qui a été dit déjà de la largeur qu'elles peuvent avoir indique suffisamment qu'elles forment, en réalité, une chaîne à plusieurs rangs plus ou moins réguliers. Les monticules, aux formes arrondies, sont séparés les uns des autres par des vallées que, dans le pays, on nomme *laites* ou *lettes*. Ces vallées, où s'écoulent et s'amassent les eaux pluviales, acquièrent une fertilité qui contraste d'une manière frappante avec la stérilité et la nudité des collines. On a comparé avec raison l'aspect général des dunes à celui des vagues de l'Océan; ce sont bien des ondulations, des flots de sable soulevés par le vent, comme les flots de la mer, et participant de leur mobilité. « Il faut voir, pour s'en faire une idée, dit M. E. Perris, ces énormes amas d'un sable fin que le vent écrème sans cesse, et qui cheminent ainsi vers l'intérieur des terres; il faut voir ces contours si moelleux, qu'on dirait des montagnes de plâtre polies par la main de l'ouvrier, et dont la surface est si mobile, qu'un petit insecte y laisse sa trace très visible; ces pentes à tous les degrés d'inclinaison, ces arêtes vives des biefs de partage, cette éternelle nudité, sans un brin d'herbe, sans un atome de végétation; cette solitude moins imposante que celle des montagnes, mais plus sauvage encore. Il faut voir, du haut d'une de ces crêtes, d'un côté l'Océan, de l'autre les vastes étangs qui bordent le littoral, et, au milieu de cette mer tumultueuse de sable jaunâtre, des vallées herbeuses, de riches et plantureux pacages, oasis de verdure où paissent des troupeaux de chevaux et de vaches à l'état sauvage, gardés par des bergers presque aussi sauvages qu'eux[1]. »

Le caractère essentiel des dunes, nous l'avons déjà dit, c'est leur mobilité, qui en fait un fléau toujours menaçant pour les populations voisines. Le vent qui leur a donné naissance les remue, les remanie et les pousse incessamment vers l'intérieur. Tandis que la mer ronge ses rivages, aidée par les vents qui déblayent peu à peu le terrain devant elle, les dunes s'étendent et refoulent les étangs; ceux-ci, à leur tour, empiètent sur les landes, et l'homme n'a pu, jusqu'à ces derniers temps., que reculer pied à pied devant cette triple invasion. C'est dans ce phénomène, bien plus que dans la nature ingrate du sol des landes, qu'il faut chercher la cause de la malédiction dont cette contrée semble frappée. On ne fait pas remonter à plus de vingt siècles l'origine des dunes de Gascogne. Il y a quatorze à quinze cents ans, la côte qui s'étend au nord de l'Adour était habitée et relativement florissante. Le bourg de Mimizan était alors une ville et un port de mer par lequel s'expédiaient les produits résineux tirés des forêts voisines. Les Normands y débarquèrent à plusieurs reprises. Sous ses murs fut livrée, en 506, une grande bataille entre les Goths et les Ostrogoths coalisés, et les Béarnais commandés par un évêque de Lescar. La ville et le port sont aujourd'hui ensevelis sous les sables. Le bourg actuellement existant a failli périr lui-même : la dune n'était plus qu'à deux mètres de l'église, lorsque tout récemment on a pu enfin arrêter ses progrès. D'autres cités, dont les vieilles chartes du pays font mention, mais dont on ne retrouve plus aucune trace, ont disparu ainsi, et des forêts entières ont été englouties, ici sous les sables des dunes, là sous les sables et les eaux de la mer.

En voyant arriver sur eux ces montagnes de sable, dont la marche était aussi rapide qu'irrésistible, les habitants n'ont eu d'autre parti à prendre que d'abattre leurs forêts, d'abandonner leurs demeures, de laisser la mer dévorer leurs propriétés, et les dunes ensevelir leurs domaines. Que pou-

[1] Lettre à M. X., insérée dans les Mémoires de l'académie de Lyon.

vaient-ils contre un tel fléau? Des efforts furent tentés pour le
conjurer. On assure que Charlemagne, durant le séjour qu'il
fit dans les Landes au retour de son expédition contre les Sar-
rasins, employa son armée et dépensa des sommes considérables à préserver les villes de la côte d'une ruine imminente;
mais, soit que les moyens employés aient été insuffisants,
soit plutôt que les ressources aient manqué et que d'autres
soins aient détourné la population et les maîtres du pays de
cette lutte contre la nature, les travaux furent abandonnés.
Ils n'ont été repris avec suite que de nos jours, grâce à l'i-
nitiative d'un habile agronome, M. Desbiey, de Bordeaux, et
du savant ingénieur Brémontier. Le système de MM. Desbiey
et Brémontier consiste à semer sur les dunes de la graine de
pin mélangée de graines de genêts et de gourbet (*psamma
arenaria*), et à recouvrir le tout de branchages, pour em-
pêcher que le vent n'emporte les semences. Toutes ces graines
germent à la fois. Les genêts, qui croissent rapidement,
abritent les pins naissants, et dès lors la dune ne bouge
plus, parce que le vent n'a plus de prise sur elle à travers la
couverture de bourrée, et que les sables sont retenus par les
racines des jeunes plantes. On commence toujours le travail
du côté des terres, afin de protéger d'abord les propriétés, et
de soustraire la forêt naissante à l'influence malfaisante des
vents du large. Il importe donc de faire en sorte que les semis
ne soient pas eux-mêmes ensevelis sous les sables venant du
côté de la mer. A cet effet, on élève, à quelque distance en
avant, des palissades en clayonnage, qui, renforcées par de
jeunes plants de gourbet, arrêtent les sables au passage assez
longtemps pour que les semis puissent se développer. Enfin
l'on complète cette sorte de rempart en construisant le long
de la côte une muraille grossière, ou plutôt une falaise artificielle, qui paralyse, ou du moins atténue l'action érosive des
vents et celle des flots de la mer.

Quelques parties de la chaîne se trouvent ainsi immobi-
lisées par la végétation qui les recouvre, et elles ont opposé
un obstacle puissant à l'avancement des sables. L'obstacle
toutefois a été franchi en plusieurs endroits. Dans la forêt de
Biscarosse, par exemple, les dunes mobiles, passant par-

dessus les anciennes, non seulement ont comblé des vallées, mais ont encore enfoui un grand nombre de pins, et se sont élevées de plusieurs mètres au-dessus de la cime des plus vieux arbres, situés eux-mêmes au sommet des plus hautes collines.

A qui, dans cette lutte de la science contre les éléments, restera décidément la victoire? C'est une question que l'avenir seul pourra résoudre.

LES
DÉSERTS TORRIDES

CHAPITRE I

Les déserts torrides de l'ancien monde pourraient être appelés aussi justement, plus justement peut-être, déserts salés, déserts sans pluie, mers de sable; car ils offrent à la fois tous ces caractères, et les trois derniers, quoique moins connus que le premier, sont cependant plus essentiels. Le sol est généralement recouvert d'une couche épaisse de sable; mais en maint endroit aussi il présente des bancs de rochers; ailleurs ce sont des masses de cailloux roulés ou brisés. Le sous-sol est presque toujours gypseux ou calcaire, rarement argileux; partout où il est poreux et perméable, il est imprégné de sels qui s'effleurissent à la surface, ou sont tenus en dissolution dans les nappes d'eau souterraines, dans les sources thermales, dans les étangs et dans les lacs. Les efflorescences salines des déserts de la Perse et de l'Asie orientale, non seulement suffisent aux besoins du pays, mais encore fournissent aux caravanes leur principal article d'exportation.

L'atmosphère des déserts est aussi sèche que leurs sables et leurs rochers. Le ciel y est constamment bleu, tout au plus voilé, ou plutôt taché de quelques nuages. Ces déserts sont représentés sur la carte *hyétographique* de l'atlas de Johnston par deux taches blanches inégales, avec cette indication : district sans pluie (*Rainless district*). La plus grande couvre toute la partie septentrionale de l'Afrique et la majeure partie de l'Arabie, de la Syrie, de la Perse et du Beloutchistan, embrassant un espace de 80° en longitude, sur 17° en latitude. L'autre s'étend sur les plateaux du Tibet et du Gobi. Elle est de forme ellipsoïde irrégulière, et dirigée obliquement du sud-ouest au nord-est. Sa longueur est d'environ onze cents lieues, et sa largeur moyenne de quatre cent cinquante. Elle n'est séparée de la première que par une bande étroite. Dans la région marquée par ces deux taches, la pluie est un phénomène extraordinaire ; il s'écoule souvent plusieurs années sans que les nuages y laissent tomber une seule goutte d'eau. Cette sécheresse permanente et presque absolue établit une différence profonde entre les déserts proprement dits et les landes, steppes et prairies, condamnées, il est vrai, par la saison chaude à une sécheresse mortelle, mais en hiver inondées de pluies ou couvertes de neige et converties au printemps en de vastes marécages où se développe une végétation exubérante, capable souvent de résister en été à l'action des rayons solaires et des vents desséchants. Dans les districts sans pluie, la végétation est à peu près nulle ; elle se réduit à un très petit nombre de plantes salines et d'arbustes nains, alimentés par les eaux saumâtres que recèle le terrain. Enfin la région désertique [1], suivant l'opinion de certains géologues, ne mériterait pas seulement le nom de mer par son aspect et son immensité : ce serait une véritable mer, ou du moins le lit d'une ancienne mer qui communiquait autrefois et se confondait peut-être avec la Méditerranée, et dont le desséchement, encore imparfait actuellement, se serait accompli à une époque géologique récente [2]. On suppose que, par l'effet des exhaussements graduels du fond, cette mer s'est d'abord fractionnée en vastes lagunes, dont la plupart ont disparu successivement, mais

---

[1] Je me permets d'employer cette expression adoptée par M. Ch. Martins, un des savants qui ont le mieux étudié la région qui nous occupe.

[2] Nous verrons plus loin que cette opinion est aujourd'hui très contestée.

non sans laisser des vestiges qui témoignent de la submersion primitive du continent. L'existence des nappes souterraines, des sources, des étangs et des lacs salés dont j'ai fait mention plus haut, et des mers intérieures, telles que la mer Caspienne, la mer d'Aral et la mer Morte, semble confirmer cette hypothèse ; la mer Noire et ses annexes, la mer d'Azof et la mer de Marmara, ont manifestement la même origine. Je reviendrai sur ce sujet en parlant du Sahara.

Dans l'Asie centrale et orientale, les déserts de sable, ou déserts salés, alternent avec des steppes et avec des terres susceptibles d'une certaine culture. La vaste contrée qu'on désigne sous le nom de grand désert de Gobi ou de Schamo renferme, ainsi que l'a fait remarquer Humboldt, d'excellents pâturages et même des champs, où les Mongols sédentaires, notamment les Artous, sèment et récoltent chaque année du sarrasin, du millet et du chanvre. La description que la plupart des voyageurs en ont donnée ne s'applique, en réalité, qu'à quelques-unes de ses parties, qui sont des déserts dans l'acception la plus rigoureuse du mot. Tel est, par exemple, le désert de Sarkha. Là on ne trouve guère d'autres végétaux que les soudes (*salsola*) qui croissent autour de petits étangs salés. Ces étangs ont, dit le voyageur Atkinson, la plus singulière physionomie lorsqu'on les contemple à distance : les cristaux de sel qui se sont formés sur leurs bords réfléchissent souvent la couleur orangée ou cramoisie des fleurs, et ressemblent à des rubis enchâssés dans une riche monture.

A mesure qu'on avance dans la direction du sud-ouest, les caractères de la région désertique s'accusent davantage. D'immenses plaines de sable au sol nu et salé, nommées *Bejaban*, traversent toute la Perse, depuis la mer Caspienne jusqu'à l'Indus. Elles comprennent les déserts de Kerusan, de Seistant, du Beloutchistan et de Mekran, riches en sels à base de soude. Le désert de Mekran est séparé de celui de Moultan par l'Indus. Celui qui se trouve à l'est de Kom, au centre de la Perse, a plus de soixante lieues d'étendue. Les provinces de cet empire qu'on peut considérer comme favorisées, parce que la pluie les arrose au moins pendant l'hiver,

contrastent singulièrement, dit M. Forgues, avec les riantes
idées que laissent les poésies et les contes d'Orient. « A des
montagnes arides et dénudées succèdent des plaines tantôt
incrustées d'argile dure, tantôt revêtues d'un sable épais. Au
début du printemps, aux mois d'avril et de mai, le pays se
colore de quelques teintes plus douces : l'herbe pointe çà et là
parmi les granits et les graviers ; mais aux premières chaleurs de l'été tout se dessèche, le sol reprend sa livrée uniformément brune ou grise. L'eau manque à la culture, qui
dans les meilleurs districts forme à peine quelques oasis dis-
persées. Dans ces vastes espaces, lorsque l'œil les parcourt
du sommet de quelque montagne, rien qui arrête ou repose
le regard. Une fois le printemps passé, les champs cultivés
se confondent avec ceux que la charrue a laissés en friche ;
les villages bâtis en argile, avec la terre dont leurs murailles
sont faites. Dans ces paysages d'ensemble, une ville même
considérable trace à peine son relief confus parmi les ruines
amoncelées au sein desquelles elle persiste à vivre, et dont
l'étendue atteste sa décadence. C'est tout au plus si, en arrivant à la limite de ces plaines monotones, le voyageur les
distingue des déserts au seuil desquels elles l'ont peu à peu
conduit. Il ne reconnaît ceux-ci qu'à l'éclat miroitant de leurs
efflorescences salines, qui s'étendent à perte de vue, et d'où
jaillit çà et là brusquement quelque massif de roche noire,
transformé par la réfraction solaire, et prenant tour à tour
les aspects les plus fantastiques. »

J'ai parlé des mers intérieures et des lacs salés qui, au
moins en Asie, ne permettent guère de mettre en doute la
submersion primitive de toute la région des grands déserts.
Poursuivons notre route vers l'occident, et nous allons rencontrer le plus remarquable de ces vestiges du temps passé.
Je veux parler de la mer Morte, ou lac Asphaltite, située,
comme chacun sait, dans la partie méridionale de la Judée,
à peu de distance de Jérusalem. Déjà l'aspect morne de cette
ville célèbre, qui rappelle au chrétien tant d'émouvants souvenirs, inspire au voyageur, quelle que soit sa croyance, un
sentiment indicible de tristesse. Jérusalem est située sur un
plateau élevé, au milieu d'un désert onduleux, où croissent çà

et là quelques figuiers chétifs aux feuilles noircies. Aux approches de la ville sainte, le paysage se dépouille de plus en plus. Bientôt toute végétation cesse : les mousses disparaissent, le pied ne foule plus qu'un roc poudreux et crevassé. Le ciel même participe à la désolation de ce lieu, dont les oiseaux semblent à dessein détourner leur vol. Mais le paysage prend un caractère plus sinistre encore dans la vallée du Jourdain, vers l'embouchure de ce fleuve. Là le voyageur chemine entre deux murailles abruptes et gigantesques. A gauche se dresse la chaîne Arabique, noire et perpendiculaire ; à droite, la chaîne de la Judée, moins élevée, plus inégale, crayeuse et comme démantelée. « La vallée comprise entre ces deux chaînes, dit le P. Laorty-Hadji, *offre un sol assez semblable au fond d'une mer depuis longtemps à sec.* On n'y distingue que quelques arbres chétifs. Des ruines de tours et de châteaux apparaissent au loin. Au moment de se jeter dans la mer Morte, le Jourdain lui-même, traversant un sol vaseux, change de physionomie et de couleur. Il semble traîner à regret vers le lac immobile des eaux jaunes et lentes. Les bords de la mer Morte sont plats du côté du levant et du couchant ; au nord et au midi, de hautes montagnes l'encadrent [1]. » Ces montagnes, séparées par un déchirement formidable, laissent voir leurs assises de grès rouge, sur lesquelles s'étend une couche épaisse de calcaire compact interrompue par des fragments siliceux. On est surpris de n'y point trouver de cratère, lorsque tout d'ailleurs, dans ce site tourmenté, accuse l'action du feu, la lutte violente, acharnée, des deux principes neptunien et plutonien, qui, durant les âges géologiques, se sont disputé l'empire du monde. On dirait qu'ici les deux forces antagonistes se sont épuisées, qu'elles ont également perdu leur virtualité, si bien qu'à la fin du combat tout est retombé dans le silence et l'immobilité de la mort. Et qui sait si le cratère volcanique, dont l'absence étonne d'abord l'observateur, n'est pas la mer Morte elle-même ? Est-il déraisonnable d'admettre qu'à la suite du soulèvement des montagnes qui l'enserrent, et qu'une

---

[1] *La Syrie, la Palestine et la Judée,* IIe partie, ch. III.

effroyable explosion du feu souterrain aura séparées, les eaux environnantes se soient précipitées et engouffrées dans l'abîme béant qu'elles remplissent encore aujourd'hui ?... Cette hypothèse est d'autant plus vraisemblable que, dans ce lieu dévasté par le feu, le lac donne des signes manifestes d'un travail igné s'accomplissant encore sourdement dans les entrailles du globe. On sait que son nom de lac Asphaltite lui vient de ce que constamment une matière bitumineuse demi-fluide monte du fond à la surface, et vient s'amasser sur les bords. Aux vapeurs que ce bitume répand sous l'influence de la chaleur, se mêlent des exhalaisons sulfureuses et ammoniacales qui rendent l'atmosphère de la mer Morte dangereuse à respirer. « Celui qui tient à la vie, disent les Arabes du pays, ne doit pas s'aventurer sur cette mer. »

Avant 1835, nul ne s'était risqué sur ses eaux. Un Irlandais, nommé Cottingham, osa le premier s'y hasarder. Après cinq jours de navigation il alla mourir d'épuisement à Jérusalem. Deux ans après, MM. Moor et Beek firent une nouvelle tentative. Ils résistèrent pendant plusieurs jours aux émanations pestilentielles du lac, et purent constater la dépression de son bassin ; mais enfin, malades l'un et l'autre, ils durent abréger le cours de leurs explorations. En 1847, ce fut le tour d'un Français, le lieutenant Molyneux, qui exécuta dans la mer Morte de nombreux sondages, et qui fut emporté quelques jours après par une fièvre pernicieuse. L'année suivante, le lieutenant américain Linch s'embarqua sur le lac avec plusieurs hommes. L'expédition montait des canots en fer. Elle navigua pendant trois semaines ; tous ceux qui la composaient furent atteints plus ou moins gravement, et l'un d'eux, le lieutenant Deale, succomba. Le P. Laorty-Hadji cite encore deux autres Américains qui eurent le même sort.

D'après cet auteur, la mer Morte n'a point la teinte funèbre que divers voyageurs lui ont prêtée : c'est un immense miroir qui réfléchit incessamment les rayons du soleil et inonde le désert de ses reflets ; mais elle mérite bien son nom : elle est morte ; elle n'a ni mouvement ni bruit ; l'écume de ses flots ne joue point sur les cailloux de la grève ; le vent ne ride

La mer Morte.

point son onde épaisse et lourde. Elle est inhabitée ; les poissons qu'on y a trouvés étaient morts ; ils y avaient été entraînés par le Jourdain ; elle n'est point hantée, comme la mer Caspienne, par des pélicans, des mouettes et des goélands ; les oiseaux voyageurs passent au-dessus sans s'y arrêter, sans y chercher une proie qu'ils n'y trouveraient pas. Ses eaux sont plus denses que celles des autres mers, et n'ont point du tout la même composition.

Le P. Laorty-Hadji se trompe lorsqu'il dit « qu'elle repose évidemment sur un lit de sel gemme. » Le sel gemme est du chlorure de sodium (sel marin) presque pur. Or la mer Morte ne tient en dissolution qu'une quantité relativement faible de ce sel, mêlée à de faibles proportions d'autres sels. Son eau fut analysée pour la première fois, en 1778, par Lavoisier, Macquer et Sage. Elle l'a été depuis par d'Arcet, Klaproth, Gmelin, Gay-Lussac, et en dernier lieu par M. Boussingault. Ce dernier a reconnu qu'elle renferme, sur cent parties : 10,7288 de chlorure de magnésium, 6,4964 de chlorure de sodium, 3,5592 de chlorure de calcium, 1,6110 de chlorure de potassium, 0,3306 de bromure de magnésium, 0,0424 de sulfate de chaux, 0,0013 de sel ammoniac, 77,2303 d'eau ; pas de chlorure de manganèse, pas de chlorure d'aluminium, pas de nitrates, pas d'iodures. Ce n'est donc pas de l'eau de mer proprement dite, mais une eau minérale *sui generis*. L'énorme proportion de matières salines dont elle est chargée rend compte de sa densité exceptionnelle, et justifie l'assertion répétée par tous les voyageurs, et d'après laquelle l'homme flotte sur cette mer comme un morceau de liège. « Ce n'est même qu'avec peine qu'on y peut plonger, dit le P. Laorty-Hadji ; encore ne peut-on atteindre à une certaine profondeur. Pococke, qui en a fait l'expérience, prétend n'avoir pu parvenir à s'y enfoncer. » L'historien Josèphe raconte que Vespasien, ayant voulu vérifier le fait, déjà signalé de son temps, fit jeter dans le lac des esclaves à qui l'on avait lié les mains et les pieds, et qui surnagèrent, bien qu'ils ne pussent faire aucun mouvement pour se soutenir.

CHAPITRE II

A partir de la pointe méridionale du lac Asphaltite, ce n'est plus que déserts. A l'est s'étendent des plaines jonchées de ruines, où plus de trente villes se révèlent, comme Palmyre, par des tronçons de colonnes et des débris de temples. C'est le pays autrefois florissant des Nabathéens, aujourd'hui hanté par quelques tribus d'Arabes Iduméens. On pourrait l'appeler le vestibule de l'Arabie Déserte. Ce nom d'Arabie Déserte est applicable à toute la partie centrale et méridionale, c'est-à-dire aux trois quarts environ de la péninsule arabique. La mer de sable se montre là dans toute sa nudité, dans toute son horreur, avec son ciel implacable et son atmosphère embrasée, avec ses vagues de sable, ses amas de sel, et, en certains endroits, avec ses gouffres cachés, capables de dévorer des armées entières. Le désert d'Akhaf, situé vers l'extrémité de la péninsule, recèle, dit-on, plusieurs de ces abîmes, où l'on ne peut mettre le pied sans être infailliblement englouti. Aussi est-il pour les Arabes l'objet d'une invincible terreur. Il doit son nom à un roi saffi qui voulut le traverser avec ses troupes, et qui y vit disparaître jusqu'au dernier de ses soldats. La tradition ne dit point comment lui-même échappa de cet immense désastre.

Un Européen, M. le baron de Wrède, osa cependant, il

y a une vingtaine d'années, pénétrer dans ce désert, et tenta de mesurer l'étendue et la profondeur d'un de ces abîmes. Parti un matin de Saba, sous la conduite de quelques Bédouins, il atteignit, après six heures de marche, la lisière du désert d'Akhaf.

« Une plaine de sable qui s'étendait aussi loin que la vue portait, dit-il, et sur laquelle s'élevaient d'innombrables collines en forme de vagues, voilà ce qui se présenta à mes regards. On ne voyait pas le moindre indice de végétation, pas un oiseau qui interrompît par son ramage le silence de mort qui régnait autour des tombeaux de l'armée sabéenne. Je remarquai trois endroits qui se distinguaient par une blancheur éclatante. « Voilà les abîmes, me dirent les Bédouins; ils sont « habités par des esprits qui ont recouvert de ce sable trom- « peur les trésors confiés à leur garde. Celui qui ose en ap- « procher est indubitablement attiré par eux sous le sable. « N'y va donc pas. »

« Je ne fis naturellement pas attention à ce conseil; au contraire, je leur demandai à y être conduit, comme nous en étions convenus. Il fallut encore deux heures à nos chameaux pour atteindre le bas du plateau, où nous arrivâmes au coucher du soleil, prenant notre quartier de nuit à côté de deux énormes rochers. Le lendemain j'exigeai des Bédouins qu'ils me conduisissent sur les lieux. Peine inutile : la frayeur les rendait incapables de proférer un mot. Je me décidai donc à y aller seul. Muni d'une sonde qui pesait un demi-kilogramme, et à laquelle était attaché un cordon de soixante brasses (cent mètres) de longueur, j'exécutai cette périlleuse expédition. Je mis trente-six minutes pour arriver au premier abîme; il a trente-six pieds de longueur sur vingt-six de largeur, et forme une pente, vers le milieu, d'environ six pieds de profondeur, qui me paraît l'effet du vent. Je m'approchai d'abord avec toute la précaution possible, afin d'examiner le sable, que je trouvai presque impalpable. Je jetai ma sonde aussi loin que je pus, elle disparut au même instant; la vitesse avec laquelle le cordon se raccourcissait diminua peu à peu; cependant après cinq minutes il avait disparu entièrement. »

Le baron de Wrède n'a point essayé de rendre compte de
cet étrange phénomène, qui n'est pas, du reste, exclusivement propre à l'Arabie. Feu le docteur Cloquet, qui fut pendant plusieurs années médecin du schah de Perse, avait vu,
dans le grand désert salé, des gouffres semblables, qu'il
considérait comme occupant la place de lacs soudainement
disparus. Cette hypothèse est très admissible, très probable
même; mais, en expliquant jusqu'à un certain point l'existence des·abîmes de sable, elle soulève de nouvelles questions qu'il n'est point aisé de résoudre : à savoir, comment les
lacs ont disparu, et comment ils ont été remplacés par cette
poussière impalpable et sans consistance à travers laquelle les
corps pesants s'enfoncent comme dans le vide. Voici, au surplus, ce que disait le docteur Cloquet, dans une lettre com-
muniquée en 1851 à l'Académie de médecine :

« A quinze farsangs de Téhéran commence le *désert salé,*
qui, de l'est à l'ouest, s'étend jusqu'aux frontières de l'Inde.
Cet immense bassin n'a d'autres limites à l'est que l'horizon ;
à l'ouest, au nord, au sud, il est limité par des collines de
sable que représentent parfaitement les dunes de France.
Le sol, d'un jaune fauve, est formé d'argile et de sable, et
offre l'aspect exact du limon qui occupe le fond d'un bassin
desséché. Dans beaucoup de points, dit-on, l'homme et le
cheval disparaissent sans pouvoir être retrouvés. J'ai vu un
de ces points, près de Sivas ; le sol est partout imprégné de sel
mélangé de nitre, qui cristallise à la surface. Du reste, si
l'on creuse à un ou deux pouces, on trouve de l'eau, fort saumâtre à la vérité. L'opinion commune est que ce désert était
occupé par une mer, qui disparut subitement la nuit de la
naissance de Mahomet. Il me paraît certain que cette disparition subite ne peut être mise en doute, puisque, de nos
jours, il y a dix-neuf ans, le lac salé d'Ourmiah, dans l'A-
zerbaïdjan, disparut complètement pendant vingt-quatre
heures ; il est vrai que les eaux ressortirent tout de suite de
leur réservoir souterrain. Il me paraît à peu près démontré,
par l'inspection des lieux, qu'à une époque reculée cette mer
communiquait au moins avec la mer Caspienne, et ne faisait
qu'une avec elle. Je ne sais si au midi elle ne communiquait

pas aussi avec la mer des Indes, n'ayant pas voyagé dans cette direction. L'apparition de la chaîne d'Elbourz a scindé les deux bassins, et la mer, ne recevant plus que de faibles cours d'eau, s'est insensiblement retirée, jusqu'au jour où

Le mont Sinaï.

elle s'est desséchée complètement, ne laissant que deux lacs : l'un le lac de Sivas, qui disparut au vii° siècle ; l'autre le lac de Sistan, qui subsiste encore, et reçoit plusieurs rivières importantes de l'Afghanistan. Dans tous les cas, la grande mer elle-même était depuis longtemps disparue à l'époque d'Alexandre.

« Le fait de l'humidité du terrain, ajoutait le docteur Cloquet, m'a vivement frappé. Cette humidité ne semble-t-elle
pas accuser la présence de vastes nappes d'eau souterraines,
qui transsuderaient à travers les porosités du sol?... »

Le plateau désert du Nadjed, qui remplit toute la partie
centrale de l'Arabie, est borné à l'ouest et au sud par les
contrées plus fertiles et plus fortunées de l'Hedjaz et de l'Ha-
dramaut, qui bordent l'océan Indien. L'Euphrate marque
à l'orient la limite des déserts de l'Arabie et de la Syrie. Au
nord-est se trouve le désert de Tor, qui confine, d'une part à
la Palestine, d'autre part à l'isthme de Suez, et que baignent au nord la Méditerranée, au sud-est et au nord-est
les golfes de Suez et d'El-Achabé, formés par la mer Rouge.
C'est la petite presqu'île triangulaire qui avait reçu des anciens géographes le nom d'Arabie Pétrée. Un groupe de montagnes célèbres : le Sinaï, l'Horeb, le mont Mousa, le mont
Saint-Epistème, se dressent sur la pointe méridionale de cette
presqu'île. Le Sinaï, qui est le plus élevé de ces pics, a près
de trois mille mètres de haut. Il est tellement lié à l'Horeb,
que ces deux monts semblent n'en faire qu'un seul. Des ravins,
d'étroites vallées où croissent des palmiers, des acacias épineux, des tamarins et quelques autres arbustes, serpentent
entre les troncs abrupts de cette petite chaîne. Dans une
de ces vallées se trouve le monastère de la Transfiguration,
et sur le mont Horeb s'élève l'église Sainte-Catherine, fréquemment visitée par les Grecs schismatiques, qui y viennent
faire leurs dévotions à sainte Catherine. Ces pèlerins montent
sur les genoux un large escalier construit à grand'peine par
les moines.

Il serait superflu de dire quels imposants et religieux souvenirs le Sinaï et l'Horeb rappellent aux chrétiens, aux Israé-
lites, et même aux musulmans. Ces lieux, consacrés par la
tradition biblique, offrent d'ailleurs un grand intérêt au géologue. Ils portent les traces non douteuses du grand travail
volcanique qui a remué si profondément les abords de la
mer Morte, et qui gronde encore sourdement sous les rochers
entassés. Au temps de Procope, on disait que le Sinaï était
inhabité à cause du bruit menaçant qu'on y entendait; et

des voyageurs modernes, tels que Seetzen et Gray, affirment y avoir entendu, en effet, par intervalles, un bruit comparable au battement d'un pouls cyclopéen. On dirait qu'une des artères où circulent les laves toujours bouillonnantes de notre globe passe en cet endroit à une faible profondeur. Les sources d'eaux thermales qui jaillissent au pied des montagnes, les masses de bitume et de lave répandues sur le sol, les rochers gigantesques qui hérissent tout le désert de Tor, et dont la teinte, selon l'expression d'un voyageur, est celle des matières passées au feu, prouvent assez que cette contrée a été le théâtre de terribles phénomènes volcaniques.

MM. Bida et G. Hachette parlent d'un lieu nommé Wadi-Nassoub, situé, à peu de distance de Sarabit-el-Kadim, sur le chemin du Sinaï à Suez. On y parvient après avoir traversé Ramleh, étang de sable qui sert de repaire à « d'horribles serpents noirs, gros et courts », et à d'énormes lézards, et qui est suivi d'une vallée assez étroite. « Wadi-Nassoub, disent ces deux voyageurs, est ce que nous avons vu certainement de plus magnifique. C'est un cirque de vingt à vingt-cinq lieues d'étendue, entouré de grands rochers s'échelonnant en gradins d'une beauté de forme et de couleur incomparables. L'arène de cet amphithéâtre est une immense nappe de basalte noir, sillonnée çà et là de longs torrents de sable jaune. Un soleil éblouissant éclaire ce paysage, d'une beauté inouïe.

En se rapprochant de l'isthme de Suez, le désert reprend le caractère que nous lui avons vu dans la Perse et dans l'Arabie centrale. Les rochers, plus rares et moins élevés, font place peu à peu aux montagnes de sable. Les lacs salés et les champs de sel reparaissent. Près des rives de la Méditerranée se trouve un étang de sel, encore désigné sous le nom de lac Baudouin, dont les croisés l'ont baptisé. Le sel gemme y forme une croûte grumeleuse et résistante. Le pied des chameaux s'y pose sans y enfoncer. Le sabot ferré d'un cheval l'entame quelquefois, mais au-dessous de la première couche fragile il en rencontre une autre d'une dureté extrême. « On se croirait, dit un voyageur, sur la mer de glace du mont Blanc. Les chameliers nous ramassent des morceaux

Lac Baudouin (étang de sel).

épars à la surface. Rien de plus brillant et de plus transparent que ces cristaux. Le goût seul empêche de les confondre avec le cristal de roche. A mesure que nous avançons, l'impression devient saisissante. Une plaine d'une éblouissante blancheur nous entoure, et se prolonge à perte de vue. A peine aperçoit-on à gauche, comme un ruban de couleur indigo, la ligne de la mer. Le ciel lui-même paraît noir. La réverbération est insupportable. » Plus loin, entre Suez et le Caire, le même voyageur a admiré un cirque naturel, enserré entre deux bras de montagne et jonché de débris de roche, et surtout de bois pétrifié. On dirait un défrichement que les bûcherons viennent de quitter. Les éclats sont tout frais ; les morceaux refendus montrent encore les entailles faites par la cognée. De grands arbres, divisés en tronçons, ressemblent à de longs serpents abattus à coups de hache. La coupure est si nette, que chaque tranche laisse voir les tissus concentriques parfaitement conservés par cet embaumement minéral, par cette *silicatisation* naturelle. Des pétrifications analogues se rencontrent en grand nombre sur les plateaux du Mokattam, et le cirque dont nous venons de parler n'est pas loin de la colline, visitée par tous les touristes, qui a reçu le nom de *forêt pétrifiée*.

On voit que les déserts de sable, malgré la monotonie proverbiale de leur aspect, ne laissent pas d'offrir de temps à autre à l'artiste, ainsi qu'au savant, au philosophe et à l'historien même, des objets dignes de leur intérêt.

. Mais nous voici en Égypte, au seuil des plus vastes déserts du globe. L'Égypte, j'entends celle que le Nil arrose et fertilise, n'est qu'une île dans cette grande mer de sable qui l'enserre de toutes parts, et qui, bien plus que la mer Rouge et la Méditerranée, l'isole du reste du monde.

CHAPITRE III

Pour peu qu'on dépasse la vallée du Nil, on trouve le désert. A l'ouest de la chaîne arabique, ce sont les vastes plaines de sable hantées par les tribus arabes des Beni-Wassel et des Abadeh. Au delà de la chaîne orientale, ce sont les déserts de Libye, qui vont se confondre avec le Sahara, et ceux de la Thébaïde, refuge célèbre des premiers ascètes chrétiens. Plus bas, au sud de l'Égypte, ce sont les déserts de la basse Nubie.

Remontons seulement le Nil jusqu'à Korosko, sur la rive droite du fleuve, et franchissons la large chaîne de collines rocheuses qui sépare la zone cultivée du désert auquel le village dont je viens de parler a donné son nom. Ces collines, toutes d'égale hauteur, affectent la forme de cônes tronqués. Ce sont des tables de grès superposées horizontalement, et que leur couleur foncée ferait prendre, au premier abord, pour des masses basaltiques. Elles sont absolument nues, et séparées les unes des autres par des gorges sinueuses et abruptes, dont le fond est couvert d'un lit de sable aux reflets dorés, que les tempêtes du sud-ouest apportent du désert. De longues coulées de ce même sable descendent le long des versants opposés à la direction du vent, avec des ondulations gracieuses dont la base vient se marier au tapis qui nivelle le fond de ces vallées. Les sommets des collines ne se distinguent que par leurs teintes différentes, les uns étant nuancés de gris, d'autres de bleu ou de vert, d'autres encore de rose ou de rougeâtre. Les reflets du soleil couchant, sur ces croupes unies et multicolores, sont d'un merveilleux effet. « Si la nature, dit M. Trémaux, eût voulu répandre ce genre de beauté sur nos verdoyantes campagnes, elle en eût fait de véritables édens ; mais pour produire, fondre et harmoniser ces inimitables teintes, il faut, sous les dernières lueurs du soleil, les émanations des sables échauffés et celles que les rayons du jour ont fait éclore sur les surfaces brûlantes des rochers dénudés. C'est à côté des grandes horreurs que la nature a placé les grandes beautés[1]. »

L'horreur du désert n'est pas seulement dans son aridité, dans sa vacuité ; cette vacuité n'est pas absolue : à défaut de la vie, c'est la mort qui peuple ces solitudes. Les gorges que fréquentent les caravanes sont bordées de pierres disposées symétriquement de distance en distance. Ces pierres marquent les places où reposent ceux qui ont entrepris la traversée du désert, et n'ont pu l'achever. A côté de ces tombes grossières gisent pêle-mêle des cadavres d'animaux qu'on ne s'est pas donné la peine d'ensevelir sous le sable. Souvent on voit, sur les plaines de sable de l'Afrique, de l'Asie et du nouveau monde, ces carcasses alignées en deux rangées interminables : elles tracent la voie que doivent suivre les voyageurs, et ne leur permettent point d'oublier le tribut que la mort prélève sur l'homme en ces contrées maudites. Le désert se montre ainsi plus cruel que l'Océan, qui du moins dévore ses victimes tout entières, et ne laisse rien paraître de ses meurtres. Le Moloch du désert, lui, n'a pas cette pudeur : il étale cyniquement aux yeux les restes hideux de ceux qu'il a tués : il jonche le sol d'ossements ; il a ses galeries de squelettes, ou même d'animaux conservés.

M. Trémaux a observé dans les gorges de Korosko ce singulier phénomène, qui probablement se produit ailleurs dans

----

[1] *Égypte et Éthiopie,* Iʳᵉ partie, chap. VII.

les mêmes conditions. En examinant de près les carcasses qu'il rencontrait à chaque pas, il fut étonné de les voir recouvertes de leur peau, et représentant encore leurs formes naturelles, comme si les animaux eussent été empaillés ou

Gorges de Korosko.

embaumés. On reconnaissait parfaitement des chevaux, des bœufs, des ânes, des chameaux. Il constata avec non moins de surprise que ces cadavres ne répandaient aucune odeur. Ils avaient été desséchés par la chaleur avant que la décomposition pût faire son œuvre. Le cuir s'était durci; les muscles et les organes intérieurs avaient été réduits en poussière et emportés peu à peu par le vent, à travers les ouvertures restées béantes aux deux extrémités du corps. Il ne restait plus, littéralement, que la peau et les os.

« Ces cuirs avaient pris une telle consistance, un tel degré de solidité, dit notre auteur, que tous mes efforts pour en crever un furent sans résultat. Les plus grosses pierres qu'il me fut possible de soulever rebondissaient avec un bruit sonore sur ces carcasses sans les entamer ; mais en revanche, mes jambes étaient plus sensibles aux ricochets, et je renonçai à mon entreprise.

« Quand un homme meurt pendant la marche d'une caravane, on l'enterre dans le sable. Je n'ai pas été à même de vérifier si la chaleur du désert produit le même effet sur son corps que sur celui des animaux dont je viens de parler ; mais cela ne doit pas être, la peau n'ayant pas la même consistance[1]. »

Au sortir des gorges, on entre dans le désert même par une plaine de sable que les Djellahs ont nommée « le fleuve sans eau », et qui, d'abord très basse, s'élève peu à peu en un plateau très bas, parsemé de quelques effleurements de grès semblable à celui des montagnes coniques. Puis la plaine s'abaisse de nouveau, et l'on entre dans la « mer de sable », où le grès pulvérisé alterne avec des champs de cailloux roulés ou brisés, et des monticules de porphyre et de granit. Au pied d'un de ces monticules, le *Tallat-el-Guindé*, croissent quelques végétaux souffreteux, entre autres des gommiers et des palmiers-doums. Quelques-uns de ces derniers arbres poussent encore isolément de loin en loin. Du reste, le désert de Korosko est complètement dépourvu de végétation ; et quant à l'eau, il faut se contenter de celle des puits amers, groupés, au nombre d'une douzaine, dans un lieu appelé *El Mourath*. C'est là seulement que les caravanes peuvent remplir leurs outres en cuir mal tanné, où cette eau, déjà nauséabonde, s'échauffe et se corrompt en peu de temps. Son odeur et sa saveur sont alors tellement repoussantes, que les chameaux eux-mêmes la rejettent à plusieurs reprises avant de se décider à la boire.

---

[1] *Égypte et Éthiopie*, Ire partie, chap. VII.

Le désert de Bahiouda, situé sous la même latitude que celui de Korosko, mais de l'autre côté du Nil, est d'une sécheresse et d'une nudité moins absolues. L'eau y est plus abondante et moins saumâtre; la végétation y est moins rare, et l'on y rencontre parfois des girafes, des gazelles, des bœufs sauvages, et même, dit-on, des éléphants et des lions. Les reptiles, serpents, lézards et tortues habitent en grand nombre dans le sable et dans les fentes des rochers.

Au sud des déserts de Korosko et de Bahiouda, vers le 17e degré de latitude nord, se trouve la limite du district sans pluie. Sous le 18º parallèle, les pluies ne durent guère qu'un mois ou deux chaque année, et elles manquent même complètement certaines années; mais lorsqu'elles tombent, ce sont d'ordinaire des averses torrentielles. Elles deviennent plus régulières et se prolongent pendant plus longtemps, à mesure qu'on avance vers l'équateur. Le terrain aussi change de nature; la végétation reprend de la vigueur, et les grandes plaines, telles que celles d'Aredah et de Naga, qui occupent une partie de l'Éthiopie, ne sont plus des déserts proprement dits, mais plutôt des landes ou steppes, que les eaux du ciel fertilisent pendant l'hiver, et que les ardeurs du soleil dessèchent pendant l'été. Ces steppes offrent d'ailleurs les vestiges imposants d'une société autrefois florissante, et l'archéologue qui les parcourt s'arrête souvent, plein d'admiration et de curiosité, devant des pyramides, des colonnes tronquées, des débris de temples et de palais, qui lui rappellent que ces lieux abandonnés furent le berceau de la grande civilisation égyptienne.

Pour retrouver le vrai désert, il nous faut donc reprendre maintenant la direction du nord-ouest, et pénétrer dans le Sahara. M. Ch. Martins, dans sa remarquable étude sur le Sahara, divise cette immense région en trois sous-régions, correspondant à trois formes distinctes du désert, savoir : la sous-région des hauts plateaux ou steppe saharienne, le désert d'érosion et le désert de sable.

La sous-région des plateaux établit la transition entre la région méditerranéenne ou *région des oliviers,* et la région saharique ou *désertique.* Ce n'est pas encore le désert; mais

on croit y reconnaître déjà les âpres rivages d'une ancienne
mer, et l'on y remarque un amoindrissement très sensible de
la merveilleuse fertilité qui caractérise la région méditerranéenne. C'est le *Fiafi* des Arabes, la partie habitable du
désert, « où-la vie s'est retirée, dit le général Daumas, autour
des sources et des puits, sous les palmiers et les arbres
fruitiers, à l'abri du *choub* (vent brûlant). » La région des plateaux est constituée par les gradins successifs qui, de la zone
fertile du bord de la mer et de la zone aride de.l'intérieur,
s'élèvent peu à peu jusqu'au pied de l'Atlas. Dans la province de Constantine, elle se fond avec le massif des Ouled-
Sultan et la chaîne montagneuse de Kabylie. Elle offre de
vastes surfaces à peu près dépourvues de végétation arborescente, mais où croissent des herbes que tondent jusqu'à
la racine d'immenses troupeaux de bœufs, de moutons et de
chameaux. L'orge est la. seule céréale dont les grains y mû-
rissent sûrement. L'olivier et la vigne réussissent sur plusieurs points, et l'on voit encore, posées sur ces montagnes
comme sur un piédestal, quelques forêts de cèdres oubliés
par les Arabes. Les *chotts*, ou étangs salés, se rencontrent
fréquemment dans les dépressions du terrain. Les roches qui
forment le sol des plateaux sont gypseuses ; le sous-sol est
argileux. Le gypse (sulfate de chaux) a résisté partout à
l'action des eaux, soit aux courants marins qui le balayaient
incessamment si l'on admet que le Sahara ait été une mer,
soit aux torrents diluviens qui se. sont précipités du haut des
montagnes après l'émersion. Cette roche est superposée à
l'argile en plaques ou tables immenses, et tellement unies,
que des voitures pourraient rouler sans secousses pendant
des lieues sur ce pavé, qui résonne comme une voûte sous le
pied des chevaux. Aussi M. Martins la désigne-t-il sous le
nom de gypse *pavimenteux*. Elle est recouverte, le plus souvent, d'une couche de petits cailloux quartzeux arrondis,
dont les teintes varient depuis le blanc le plus pur jusqu'au
rouge le plus vif. « D'où viennent ces cailloux, évidemment
roulés par les eaux? dit M. Martins. On l'ignore ; ils sont les
témoins mystérieux de ces grandes débâcles diluviennes qui
sur toute la surface de la terre ont laissé des traces de leur

Le Sahara (désert d'érosion).

passage, sans que le géologue puisse trouver toujours les montagnes ou les rochers qui ont fourni les matériaux de ce diluvium. Çà et là les cailloux sont remplacés par du sable siliceux, formant des amas superficiels qui recouvrent le pavé de gypse. »

Du faîte de la région des plateaux on descend ainsi par de larges degrés vers le désert. La ville de Batna est située à l'extrémité du dernier de ces plans, dont l'altitude est encore d'un millier de mètres au-dessus du niveau de la mer. Les cimes de l'Atlas s'élèvent au nord-ouest, avec leur couronne de cèdres qui se dessine en noir sur l'azur du ciel. Leur massif est dominé par le pic des Cèdres (*Djebel-Tougour*), qui rappelle les pics des Pyrénées. Vers le sud-est s'étendent les croupes arrondies des montagnes de l'Aurès, revêtues de forêts de pins et de chênes verts. Dans un repli de la montagne se cachent l'ancienne Lambessa et les ruines d'un camp romain. A six kilomètres au sud de Batna est un large col surbaissé dont la base se confond avec le plateau, au-dessus duquel il s'élève seulement d'une centaine de mètres. Cette crête est la ligne de partage des eaux qui coulent au nord vers la Méditerranée, et de celles qui au sud viennent encore se perdre dans le lit desséché de la mer saharienne. Le pic des Cèdres est placé sur la limite, comme une borne cyclopéenne. De ses flancs s'échappe un torrent qui, par un ravin profond, roule vers le désert. Des sources abondantes et tièdes jaillissent des marnes crétacées, et suivent la même direction. Après le poste français dit des Tamarins, la route descend le long des pentes ravinées des montagnes, et va passer par-dessus le torrent, qui se bifurque au pied du Metlili, imposante montagne « composée de feuillets concentriques, comme un immense artichaut ». Sur la gauche se dresse une muraille de rochers, le Djebel-Gaouss, percée en son milieu d'une fente ou brèche que les Arabes appellent la *Bouche-du-Désert*, et qui, s'élargissant peu à peu, vient aboutir à la première oasis du Sahara, celle d'El-Kantara, qui est encore à 517 mètres au-dessus du niveau de la mer.

A partir de cet endroit, les montagnes se succèdent dans toutes les directions; ce ne sont plus que crêtes, pics et cols,

entrecoupés et comme hachés par des ravins où coulent en
hiver des torrents et des rivières que les chaleurs de l'été
mettent à sec, et qui creusant, rongeant le sol pierreux, se
répandent dans les vallées et y réveillent momentanément la
végétation. L'action érosive des eaux est donc ce qui caractérise essentiellement cette partie du désert, appelée avec jus-
tesse par M. Martins *désert d'érosion*, et par les Arabes *Kifar*
(pays abandonné). La plupart des cours d'eau dont il s'agit
ont leurs sources dans les monts Aurès et Zibans, qui li-
mitent au nord cette région. Ils ont creusé de larges sillons
entre-croisés, dont les plateaux gypseux occupent les intervalles. Les roches moins résistantes, les marnes, les argiles,
les sables ont été entraînés.

Les eaux, provenant soit de la pluie, soit de la fonte des
neiges sur les plus hautes cimes, sont d'abord très pures, et
coulent dans des lits profonds à parois verticales; puis, dans
les plaines, les lits s'élargissent, les berges s'abaissent. Les
flots, dans la saison des crues, débordent et se répandent,
entraînant avec eux des masses de cailloux roulés qui couvrent d'immenses surfaces; en temps ordinaire, ils se réduisent à de minces filets d'eau, et finissent, en arrivant au
désert, par disparaître entièrement. Il faut creuser le sol pour
retrouver l'eau, qui est devenue saumâtre. Souvent les lits
se réunissent et forment des bassins plus ou moins larges et
profonds, qui se remplissent à la suite des crues hivernales,
et dont quelques-uns conservent, même dans la saison chaude,
une certaine quantité d'eau. Ailleurs, le sol reste seulement
détrempé; grâce à l'abondance du sel qui retient l'humidité.
Ce sont alors des marais fangeux, où l'on ne s'aventurerait
pas sans danger. Mais, en général, le terrain est sec, cra-
quelé, fendillé et complètement desséché.

Le désert d'érosion n'est pas complètement inhabité. On y
rencontre çà et là de misérables bourgades, et une multitude
de tentes en poil de chameau sont disséminées comme des
points noirs sur les plaines jaunes ou grisâtres, au bord des
chotts ou des minces cours d'eau. Des troupeaux de chèvres
et de brebis errent dans les vallées, broutant l'herbe rare et
courte. Des colonnes de fumée s'élèvent des bivouacs arabes,

et des femmes sahariennes se groupent autour des puits et
des sources pour y remplir leurs outres, qu'elles chargent
sur des ânes.

Lorsque, du haut des rochers qui hérissent le désert d'érosion, on aperçoit pour la première fois le désert de sable, l'impression est à peu près semblable à celle que produit l'aspect de l'Océan. M. Martins avait déjà ressenti cet effet en contemplant, du haut du col de Sfa, le désert des plateaux. Un grand arc de cercle, dit-il, s'étendait devant nous, limitant une surface violette, unie comme la mer et se confondant à l'horizon avec le ciel bleu : c'était le Sahara. L'arc s'appuyait à l'est contre la chaîne de l'Aurès ; à l'ouest, contre celle des Zibans, dont quelques ressauts, voisins de Biskra, surgissaient comme des écueils sur cette mer qui semblait avoir été figée dans un moment de calme. La mer réelle frissonne toujours à la surface ; un léger balancement, imperceptible à la vue, pousse vers le rivage le flot expirant, bordé d'un liseré d'écume. Ici rien de semblable ; c'est une mer immobile, une mer pétrifiée, ou plutôt c'est le fond uni d'une mer dont les eaux ont disparu. La science nous l'enseigne, et, comme toujours, l'expression de la réalité est plus pittoresque, plus saisissante que toutes les comparaisons créées par l'imagination. »

Un artiste éminent, Fromentin, qui maniait avec un talent égal la plume et le pinceau, a peint, lui aussi, d'une manière grande et poétique cette « mer figée », dont pourtant il n'a point songé à rechercher l'origine et le caractère géologique. « La première impression, dit-il, qui résulte de ce tableau ardent et inanimé, composé de soleil, d'étendue et de solitude, est poignante et ne saurait être comparée à aucune autre. Peu à peu cependant l'œil s'accoutume à la grandeur des lignes, au vide de l'espace, au dénuement de la terre, et si l'on s'étonne encore de quelque chose, c'est de demeurer sensible à des effets aussi peu changeants, et d'être aussi vivement remué par les spectacles en réalité les plus simples. »

Il est juste de citer encore, parmi les peintres du Sahara, M. le général Daumas, qui décrit en ces termes le désert de sable : « C'est l'immensité stérile et nue, la mer de sable, dont les vagues éternelles, agitées aujourd'hui par le *choub*, demain seront amoncelées, immobiles, et que sillonnent lentement ces flottes appelées caravanes. » M. Daumas, on le voit, s'en tient au réalisme scientifique, que M. Martins préfère au style imagé des poètes, et il donne en quelques mots une idée exacte, en même temps que très pittoresque, de cette mer sèche, où les vents remuent les flots de sable au lieu de soulever des flots humides, et que les arabes appellent *Falat*. Je reviens néanmoins à la description de M. Martins, qui donne à la fois l'ensemble et les détails du tableau.

« Si le désert des plateaux, dit le savant écrivain, est l'image d'une mer figée pendant un calme plat, le désert de sable nous représente une mer qui se serait solidifiée pendant une violente tempête. Des dunes, semblables à des vagues, s'élèvent l'une derrière l'autre jusqu'aux limites de l'horizon, séparées par d'étroites vallées qui représentent les dépressions des grandes lames de l'Océan, dont elles simulent tous les aspects. Tantôt elles s'amincissent en crêtes tranchantes, s'effilent en pyramides et s'arrondissent en voûtes cylindriques. Vues de loin, ces dunes nous rappelaient aussi quelquefois les apparences du *névé* dans les cirques et sur les arêtes qui avoisinent les plus hauts sommets des Alpes. La couleur prêtait encore à l'illusion. Modelés par les vents, les sables brûlants du désert prennent les mêmes formes que les névés des glaciers. »

Quiconque a vu des dunes, celles de Gascogne surtout, peut se faire une idée très exacte du désert. Les seules différences notables sont dans l'étendue, qui semble ici infinie comme celle de l'Océan; dans la pureté du ciel, qui ne se voile presque jamais de nuages, et dans sa couleur, qui est d'un bleu foncé. La nature du sol est la même; c'est un sable siliceux très fin, très mobile, tantôt blanc comme celui de Fontainebleau, tantôt rougi par la présence de l'oxyde de fer. Ce sable forme, au Sahara, de véritables dunes, des monticules que le vent soulève, déplace et transforme d'un jour à l'autre. Seulement les *lettes*, ou vallées, qui dans nos dunes reçoivent les eaux pluviales et conservent une assez grande fertilité, ne sont humectées ici que par de rares infil-

trations salines, et demeurent presque partout d'une stérilité
absolue. Cependant, en quelques endroits, la présence du
gypse donne au sable une certaine fixité, qui permet à un
petit nombre de plantes de germer et de se développer. Ce
gypse ne se trouve que dans les vallées, non pas à l'état de
masses tabulaires, comme sur les plateaux, mais seulement
en cristaux de formes diverses, pénétrés de silice. « Vous ra-
massez un caillou, dit M. Martins, c'est un cristal. » Les
villages sont entourés d'enceintes crénelées bâties en cristaux;
les maisons qui forment ces villages sont faites des mêmes
matériaux; et c'est un curieux et magnifique spectacle que
ces édifices dont les murs étincellent au soleil, et qui, n'é-
taient leurs petites dimensions, leur forme sans élégance,
leur aspect chétif et misérable, sembleraient réaliser les
merveilles des palais enchantés dont parlent les contes orien-
taux.

CHAPITRE IV

PHÉNOMÈNES DU DÉSERT

Le désert, disais-je au début de ce livre, a sa météorologie propre ; il est le théâtre de phénomènes particuliers qu'on n'observe point ailleurs. Le climat des déserts sablonneux est, on le conçoit aisément, d'une grande uniformité ; il ne varie guère, suivant la latitude, que par une moyenne thermométrique plus ou moins élevée. Du reste, si l'on considère les trois éléments qui, d'après Hippocrate, constituent le climat, à savoir, l'atmosphère, le sol et les eaux, on y trouve des conditions identiquement semblables, qui ne peuvent donner lieu qu'à des phénomènes également semblables.

En effet, l'atmosphère est, dans toute la région désertique, d'une pureté à peu près inaltérable. C'est seulement dans le voisinage des montagnes que les nuages s'accumulent et se précipitent périodiquement en pluies plus ou moins abondantes. Dans les plaines il ne pleut jamais, et nul voile n'intercepte pendant le jour les rayons ardents du soleil, ni n'atténue pendant la nuit le rayonnement terrestre. Il en résulte des alternatives constantes de chaleur dévorante, tant que le soleil est au-dessus de l'horizon, et de refroidissement rapide et souvent très intense, lorsqu'il a disparu.

Le sol est partout uni comme la surface de l'Océan. Cette

uniformité contribue, avec sa nature siliceuse, argileuse ou calcaire, à rendre plus brusques les changements de température qui se produisent du matin au soir et du soir au matin. En effet, le sable réfléchit la chaleur du soleil à mesure qu'il la reçoit ; il n'en absorbe que des quantités insignifiantes, qu'il perd en quelques instants, dès que la source calorifique vient à manquer. D'autre part, dans ces plaines immenses où nul accident de terrain ne peut s'opposer aux mouvements de l'air, le vent acquiert une force et une vitesse croissantes, *vires acquirit eundo,* et prend bientôt tous les caractères d'une tempête. De là ces typhons, ces ouragans de sable que j'ai décrits dans un précédent ouvrage[1], et sur lesquels je reviendrai tout à l'heure. Pour ce qui est des eaux, on a vu que leur absence complète est précisément le caractère essentiel des déserts de sable.

En résumé, une chaleur accablante pendant le jour, une fraîcheur, souvent même un froid assez vif pendant la nuit (dans le Sahara, le thermomètre monte souvent au-dessus de 50° au milieu de la journée, et il n'est pas rare de le voir descendre au-dessous de 0° vers deux ou trois heures du matin); un ciel toujours bleu et transparent; point de pluies ni de rosées, point d'orages, point de tonnerre ; mais des coups de vent, des ouragans fréquents et terribles : telle est la constitution météorologique de la zone aride qui embrasse toute la partie septentrionale de l'Afrique, sauf la région méditerranéenne, c'est-à-dire depuis la chaîne de l'Atlas jusqu'au Soudan, et qui se prolonge en Asie de l'ouest au nord-est, sauf une faible solution de continuité, jusqu'au 119° degré de latitude.

Au premier rang des phénomènes propres à cette zone se placent ces tempêtes fameuses qui, à défaut de nuages humides, promènent avec une rapidité foudroyante des nuages de sable, bouleversent fréquemment la surface mobile du désert, et inspirent aux voyageurs un invincible effroi. Le vent du désert est généralement connu sous le nom de *simoun* ou *samoun ;* les Arabes l'appellent *choum* ou *kramsine.* Ce

---

[1] *L'Air et le Monde aérien,* IIe partie, chap. VI.

Colonne de l'armée française surprise par le simoun.

dernier nom paraît toutefois s'appliquer exclusivement au vent du sud ou du sud-ouest, qui est le plus redouté à cause de sa haute température, et qui règne non pas durant cinquante jours consécutifs chaque année, comme on l'a souvent répété, mais bien cinquante jours ou cinquante fois, en moyenne, dans le cours d'une année, ce qui est bien différent [1].

« Quand le simoun se lève, dit M. Charles Martins, l'air se remplit d'une poussière dont la finesse est telle, qu'elle se tamise à travers les objets les plus hermétiquement fermés, pénètre dans les yeux, les oreilles et les organes de la respiration. Une chaleur brûlante, pareille à celle qui sort de la gueule d'un four, embrase l'air et paralyse les forces des hommes et des animaux. Assis sur le sable, le dos tourné du côté du vent, les Arabes, enveloppés de leurs burnous, attendent avec une résignation fataliste la fin de la tourmente; leurs chameaux accroupis, épuisés, haletants, étendent leurs longs cous sur le sol brûlant. Vu à travers ce nuage poudreux, le disque du soleil, privé de rayons, est blafard comme celui de la lune. » Heureusement le phénomène n'embrasse jamais en largeur qu'une étendue peu considérable, en deçà et au delà de laquelle l'air reste calme et serein; en sorte que les voyageurs qui l'ont vu venir sous la forme d'un nuage rougeâtre, sans pouvoir se rendre compte de sa direction, en sont souvent quittes pour la peur, et n'assistent que de loin à ses redoutables effets.

M. Trémaux eut cette chance dans sa traversée du désert de Korosko. C'était le 8 février 1848. L'horizon avait pris au sud-ouest une teinte du plus mauvais augure. Des bouffées d'un vent qu'on eût dit sortant d'une fournaise venaient frapper les voyageurs au visage. Les chameliers, habitués à interpréter ces sinistres présages et ne doutant pas de l'imminence du kramsine, crurent devoir donner à M. Trémaux quelques instructions qui n'avaient rien de rassurant.

« Aussitôt, lui dit l'un d'eux, que la tempête viendra obscurcir l'air en nous entourant d'un nuage de sable, il faudra nous

---

[1] *Kramsine,* en arabe, signifie *cinquante.*

jeter ventre à terre et nous envelopper la tête de nos étoffes les plus fines, pour garantir notre respiration de ce sable qui brûle la gorge. Il sera inutile de s'inquiéter des chameaux : ils se coucheront d'eux-mêmes, plieront leur tête contre leur charge et ne bougeront pas tant que durera la tempête. Si le sable s'amoncelait à nos côtés, il faudrait se mouvoir de manière à ne pas se laisser couvrir, en le faisant couler sous soi, mais sans découvrir sa tête. Retenez bien ceci, et que la volonté de Dieu soit faite.

« — Ce n'est pas tout, ajouta un autre : quand les outres ont leurs flancs en partie dégarnis, comme les ont les nôtres en ce moment, et que le kramsine souffle pendant quelque temps, il finit par les dessécher complètement. »

Ainsi averti, notre compatriote dut envisager avec toute la résignation dont il était capable la mélancolique alternative de périr asphyxié par le sable, ou de succomber un peu plus tard aux tourments de la soif. Mais que faire?... On continua de cheminer, ou plutôt de se traîner au sein d'une atmosphère étouffante, et de regarder le fléau qui approchait rapidement. Cela dura une couple d'heures, après lesquelles les voyageurs eurent la joie de voir le simoun glisser sur leur droite, et s'éloigner avec la même vitesse.

Une colonne de l'armée française commandée par les ducs d'Aumale et de Montpensier avait été moins heureuse, le 7 mars 1844, dans le Souf (Sahara algérien); elle s'était vu assaillir par un coup de simoun qui avait duré quatorze heures. Le lendemain, M. Fournel, ingénieur des mines, qui accompagnait l'expédition, constata que le météore n'avait balayé qu'une zone étroite parallèle à l'Aurès, et qu'au pied de cette montagne la sérénité de l'air n'avait pas été troublée.

Le simoun ou kramsine est, du reste, plus incommode et douloureux que réellement dangereux. M. Ch. Martins parle de l'armée de Cambyse anéantie, de caravanes ensevelies sous les sables; il ajoute : « Les nombreux squelettes de chameaux que nous rencontrâmes témoignent que ces accidents se renouvellent encore quelquefois. » Ces squelettes, en réalité, prouvent seulement que beaucoup de chameaux, exténués de fatigue et de privations, meurent pendant la traversée du désert. Pour ce qui est du simoun, les Arabes en exagèrent singulièrement les effets dans leurs récits, ainsi que plusieurs voyageurs européens, qui l'ont essuyé dans toute sa furie et qui s'en sont tirés la vie sauve, ont pu le déclarer[1]. Témoin la colonne française dont je viens de parler. Quant à l'armée de Cambyse, il y a tout lieu de croire qu'elle fut non pas détruite par le simoun, comme le suppose M. Martins, mais engloutie, comme celle du roi saffi, dans un de ces gouffres recouverts de sable que recèlent les déserts de Libye, ainsi que ceux de Perse et d'Arabie.

Ce n'est pas toujours un seul vent qui souffle dans les déserts, mais parfois deux ou plusieurs courants de directions différentes, qui se heurtent et se croisent avec violence. Alors se produit le singulier phénomène des trombes de sable, qu'on observe principalement dans les plaines sablonneuses de l'Asie orientale, et aussi dans celles de l'Amérique méridionale. Le sable n'est plus alors chassé en masses volumineuses dans une direction rectiligne, mais soulevé, aspiré sous forme de longues colonnes tortueuses, qui tournent comme des spectres gigantesques, exécutant une danse vertigineuse. En même temps l'azur du ciel pâlit et se trouble, la lumière du soleil devient blafarde, les limites de l'horizon semblent se rapprocher; la poussière brûlante tenue en suspension dans l'air le rend irrespirable, et si l'un de ces tourbillons rencontre quelque objet qui lui donne prise, cet objet peut être enlevé et jeté violemment à une grande distance. Heureusement ce phénomène dure peu. L'équilibre se rétablit presque instantanément; le ciel reprend sa sérénité, l'atmosphère s'éclaircit, et les colonnes de sable, retombant sur elles-mêmes, forment autant de monticules coniques qu'on croirait élevés et façonnés avec soin, comme ces petits édifices de sable ou de neige que les enfants construisent en se jouant.

Le voyageur anglais Atkinson raconte qu'il put contempler de près, en traversant le désert de Mongolie, un de ces étranges météores.

« Comme nous passions, dit-il, au milieu d'un espace semé

---

[1] Voy. *l'Air et le Monde aérien*, chap. déjà cité.

d'innombrables monticules de sable, nous en vîmes tout à
coup une trentaine se soulever autour de nous, s'allonger en
longues colonnes elliptiques, et glisser en tourbillonnant sur

Trombes de sable.

le sol du désert avec les sifflements et les contorsions de serpents gigantesques qui se seraient réveillés à notre approche.
Ces trombes, car ce phénomène n'était pas autre chose, va-
riaient en diamètre ; les plus petites avaient de vingt à trente
pieds ; quelques-unes atteignaient cent pieds ; une enfin, qui
absorbait dans son tourbillon tout ce qu'elle approchait,
s'élevait à peu près à deux cents pieds. On eût dit, à les voir,

s'inclinant, se redressant et se croisant dans l'espace au milieu d'une atmosphère de poussière, des monstres antédiluviens sortant de leur couche géologique, et rentrant dans l'activité fébrile de l'existence. Mais bientôt, les forces atmosphériques qui les avaient soulevées venant à s'épuiser, nous vîmes ces trombes s'affaisser l'une après l'autre, et reformer sur la face du désert un nombre de dunes mouvantes identiquement pareil à celui d'où elles étaient sorties [1]. »

La réverbération de la chaleur solaire sur le sable et la dilatation intense des couches inférieures de l'atmosphère donnent lieu à une illusion d'optique dont tant de voyageurs ont parlé, et dont on trouve l'explication dans tous les traités de physique : je veux parler du mirage [2]. Cette explication, telle que l'a donnée le célèbre Monge, repose sur la réfraction qu'éprouvent les rayons lumineux en traversant successivement des milieux gazeux de densités inégales ; mais le phénomène est, en réalité, plus complexe. Dans la grande majorité des cas il y a non seulement réfraction, mais encore réflexion : réflexion du ciel bleu sur les couches d'air très raréfié en contact avec le sol, et des images des objets terrestres par les couches supérieures, beaucoup plus denses que les inférieures. Il faut tenir compte aussi de l'imagination des observateurs, ordinairement surexcitée par la fatigue, par les privations, par la fièvre même, et qui contribue puissamment à varier les illusions dont ils sont dupes. Les uns croient avoir devant les yeux des îles verdoyantes, des villes magnifiques, des jardins enchanteurs ; d'autres voient au loin la mer, avec des navires à l'ancre et des chameaux allant et venant sur le rivage ; d'autres encore aperçoivent des rivières *coulant*, et près de ces rivières des arbres et des maisons, et cela sans qu'il y ait à l'horizon un seul objet réel dont la présence puisse servir, en quelque sorte, de prétexte à leurs visions. La réflexion du ciel, modifiée par les taches ou les inégalités du terrain et par les mouvements vibratoires de l'air, peut seule rendre compte de ces fantasmagories étranges.

---

[1] *Voyage sur les frontières russo-chinoises*, par Th.-W. Atkinson, traduit et résumé par M. F. de Lanoye, dans le *Tour du monde*.

[2] Voy. *l'Air et le Monde aérien*, IIe partie, chap. XII.

L'imagination fait voir, dans l'image réfléchie du ciel, une
nappe d'eau qu'on prend tantôt pour la mer, tantôt pour un
lac ou un fleuve; elle prête aux taches, aux moindres objets
des formes, des couleurs, des dimensions qui les métamor-
phosent aisément en maisons, en navires, en hommes ou en
animaux, et l'on peut dire avec M. Trémaux que les taches
qui ont été prises en Nubie pour des chameaux auraient été
prises sans doute pour des éléphants dans le Soudan, ou pour
des gondoles à Venise.

Il faut donc distinguer ces illusions toutes personnelles,
engendrées par l'imagination, de celles qui sont dues à un
effet physique déterminé. Ces dernières supposent nécessairement l'existence d'objets réels en deçà ou très peu au delà de
l'horizon. L'illusion la plus fréquente, dans ces conditions, fait
voir le ciel ou les rochers réfléchis dans la nappe d'air raréfié
qui touche au sol, et qui par cela seul ressemble à de l'eau.
C'est alors que le voyageur ignorant ou inexpérimenté, que la
fatigue accable et que la soif dévore, précipite sa marche pour
atteindre au plus vite cette eau limpide où il espère se désaltérer et se rafraîchir, et qui fuit devant l'œil pour disparaître
bientôt. Parfois aussi c'est une image renversée des objets
terrestres qui apparaît en l'air; ou bien ces mêmes objets, plusieurs fois réfléchis, semblent se multiplier. M. Trémaux
raconte qu'en Nubie il put observer le mirage sous cette dernière forme. Il vit un rang de palmiers-doums qui se trouvait
à deux kilomètres devant lui, se répéter en plusieurs rangs
semblables d'un même nombre d'arbres, de manière à produire l'effet d'un quinconce; entre ces arbres se montraient
aussi quelques mirages du ciel simulant de l'eau.

On conçoit aisément que le désert par son immensité, son
uniformité, sa vacuité, aide singulièrement aux erreurs d'optique. La sérénité même de l'air y contribue aussi en détrui-
sant la perspective à laquelle on est accoutumé dans les climats tempérés et presque toujours plus ou moins brumeux.
Les objets paraissent beaucoup plus rapprochés qu'ils ne le
sont réellement, parce qu'ils sont plus distinctement visibles,
et aussi parce que rien ne s'interpose entre eux et l'observateur. Leurs dimensions deviennent d'ailleurs arbitraires,

faute de termes de comparaison qui puissent servir à les mesurer. Aussi les arbres, les montagnes où le voyageur espère
trouver un abri et quelque fraîcheur, semblent-ils toujours
fuir devant lui, et jusqu'à ce que l'expérience lui ait appris à
rectifier le témoignage de ses sens, il est voué, comme Tan-
tale, à de continuelles déceptions.

Ce n'est pas tout : la faim, la soif, la lassitude, et, plus
que tout cela, l'action de la chaleur solaire sur le cerveau déterminent un état pathologique particulier, une sorte d'ivresse
qui prédispose puissamment aux hallucinations, et ôte à
l'esprit la virtualité dont il aurait besoin pour chasser les fan-
tômes qui viennent l'obséder. Les Arabes ont donné un nom à
cette affection, dont les symptômes ont été confondus maintes
fois avec les effets du mirage. Ils l'ont appelée *ragle*. Un voyageur célèbre, M. d'Escayrac de Lauture, l'a décrite sous ce
nom dans son ouvrage *le Désert et le Soudan*, publié en 1853,
et dans le *Bulletin de la Société de géographie de* 1855. Il l'at-
tribue surtout à la fatigue, à l'excès de la chaleur et à la pri-
vation de sommeil.

Le ragle se manifeste le plus ordinairement la nuit par des
rêves, par des cauchemars, par un somnambulisme dont le
malade a parfaitement conscience, sans pouvoir s'en déli-
vrer. Le jour, ce sont des hallucinations étranges qui peuvent
affecter la vue, l'ouïe, l'odorat et le goût, mais principalement
les deux premiers sens. L'aberration se rapporte, pour la vue,
à des objets qu'on a l'habitude de voir : une petite pierre de-
viendra, par exemple, un rocher, un édifice; une ornière sera
le sillon d'un champ fraîchement labouré; une touffe d'herbes,
un buisson, prendra les proportions d'une forêt; et, chose
remarquable, ces objets semblent toujours très rapprochés.
Une autre erreur fréquente est le redressement des surfaces
horizontales; l'horizon devient un mur ou une montagne.
« Il m'est arrivé, dit M. d'Escayrac, de trouver des murailles
qui reparaissaient toujours devant moi. Mon bras allongé
plongeait dans la maçonnerie; mon corps ne la rencontrait
jamais : elle s'ouvrait pour me livrer passage. »

L'ouïe peut être affectée à son tour. Alors un bruit quelconque, celui des pas; le choc d'une pierre, le sifflement du

vent deviennent des sons mélodieux, des cris de détresse, des paroles, des chants.

« Un jour, dit encore M. d'Escayrac, j'entendais le tic tac

Effet de mirage.

d'un moulin. Cherchant à rappeler ma raison et à m'expliquer l'origine de ce bruit, je vis que c'était la boucle de mon ceinturon qui frottait sur le pommeau de ma selle, où mon sabre était accroché. »

Le savant Jomard, qui éprouva aussi les effets du ragle dans son voyage en Égypte, a confirmé de tout point la description donnée par M. d'Escayrac. « J'ai, dit-il, été victime du ragle : j'allais d'Alexandrie à Rosette, à pied, à la suite d'une nombreuse caravane. C'était un voyage de quinze lieues ; je suivais le bord de la mer : bientôt il fallut marcher sur des sables très fins, où les pieds enfonçaient péniblement. La fatigue augmentait par la nécessité de soulever à chaque pas un sable pesant. Dès la première nuit, cette fatigue devint extrême ; je n'avais plus la perception exacte des objets ni de la forme des lieux. La surface du lac de Madyeh me parut être moins une nappe d'eau qu'une plaine très unie. Je combattais le sommeil à grand'peine, marchant toujours sans repos. En cet état de demi-veille, des objets bizarres s'offraient à mon esprit, et l'illusion était telle, que j'entrai dans le lac très avant sans m'en apercevoir, l'eau d'ailleurs étant très chaude. A la fin, la fraîcheur causée par l'évaporation de l'eau m'avertit de mon erreur, et cette singulière hallucination cessa tout à fait. »

CHAPITRE V

La flore d'une contrée où il ne pleut jamais, et dont le sol
n'est qu'un sable mouvant, humecté seulement en certains
endroits par une eau saumâtre, cette flore, on le conçoit, ne
peut être que d'une extrême pauvreté. Elle se réduit à peu
près, ainsi qu'on l'a déjà vu, à quelques plantes du genre
salsola (soude), croissant au bord des lacs et des étangs salés.
Cependant on y rencontre, aux endroits où le sable a plus de
fixité, deux arbrisseaux sans épines, l'*ephedra alata* et le
retama Duriæi; des pistachiers (*pistacia-lentiscus* et le *terebin-
thus*); le drin (*aristida pungens*), grande graminée qui élève
à deux mètres ses feuilles linéaires, dont les chameaux sont
très friands; et l'ézel, arbrisseau de la famille des polygonées,
que les botanistes classent non loin du sarrasin et des re-
nouées, et qui atteint une hauteur d'un mètre environ. Cette
dernière plante jette des racines, le plus souvent déchaussées,
qui s'étendent jusqu'à sept à huit mètres; son tronc ligneux
se divise à sa partie supérieure en branches noueuses, ter-
minées par une chevelure de rameaux verts, cylindriques et
sans feuilles, qui tombent pendant l'hiver. Ailleurs s'élèvent
des palmiers-doums, isolés ou réunis en maigres bouquets,
sous lesquels le voyageur trouve à peine un peu d'ombre, et
qui ne sont d'ailleurs pour lui de nulle ressource.

Dans les districts où le terrain est plus accidenté, notamment en Palestine, aux abords du Jourdain et de la mer Morte; en Arabie, dans la presqu'île Sinaïtique; en Nubie, dans les déserts de Naga, d'Aredah et de Bahiouda; enfin au Sahara même, dans le désert d'érosion et dans la région des plateaux, la flore devient moins pauvre et plus variée, tout en n'offrant encore qu'un médiocre intérêt. Cependant un curieux arbuste, le *limoniastrum Guyonianum,* se montre assez fréquemment dans les localités humides, où il acquiert parfois les dimensions d'un arbre. Ses feuilles charnues se couvrent d'efflorescences salines, et les panicules de ses fleurs roses égayent la monotonie du désert. Dans les mares saumâtres permanentes, on remarque quelques végétaux analogues à ceux des marais salants du Languedoc. Parmi les plantes du désert, je ne dois pas oublier la rose de Jéricho (*anastatica hierochuntica*), petite crucifère à tige basse, dont les rameaux rapprochés ressemblent de très loin à une rose, et qui se dessèche après la floraison. Arrachée et chassée par le vent, cette plante se contracte et perd toutes les apparences de la vie; mais, plongée dans l'eau, elle se distend, s'épanouit et semble offrir un remarquable exemple de ce qu'on a appelé la reviviscence.

Sur les plateaux du Sahara algérien croissent encore plusieurs espèces végétales, qu'on retrouve également ailleurs dans les conditions analogues. Ce sont des arbrisseaux épineux et des sous-arbrisseaux, appartenant presque tous à la famille des salsolacées ou plantes littorales, qui ne paraissent que dans des terrains imprégnés de sel marin; ce sont aussi des plantes sous-frutescentes, en partie desséchées par le soleil. Des géraniums, des héliotropes cachent en quelques endroits la nudité du terrain. On remarque encore, dans la région des plateaux, le mélanthe ponctué, plante voisine des colchiques, qui porte un bouquet de fleurs d'un blanc rosé appliquées sur le sable, et entourées d'une couronne de feuilles linéaires.. « Dignes de réjouir les yeux des amateurs les plus délicats, dit M. Ch. Martins, ces jolies fleurs vivent et meurent inconnues dans les solitudes du Sahara. »

Dans les dépressions où le terrain conserve quelque humi-

dité, la terre se pare d'un fin gazon du plus beau vert; deux
herbes, l'alfa (*stipa tenacissima*) et l'armoise blanche (*artemisia alba*), couvrent souvent d'immenses étendues; les juju-
biers se garnissent de feuilles; la coloquinte étend sur le sol

VÉGÉTAUX DU DÉSERT

1. Jujubier. — 2. Lentisque. — 3. Tamarix.

ses rameaux chargés de fruits sphéroïdes, et le tamarix, devenu un arbre, balance au vent ses touffes de fleurs blanches
et roses. Pendant l'hiver, l'Arabe nomade dresse sa tente et
fait paître ses troupeaux dans ces prairies. Les tribus laborieuses et sédentaires cherchent dans les oasis une nature
plus clémente et un terrain que leur travail puisse féconder.

Là seulement, en effet, la végétation prend un développement, une continuité, parfois même une variété qui rappellent les contrées heureuses de la région méditerranéenne.

Ptolémée compare le Sahara à une peau de panthère, semée de taches noires sur un fond jaune. Ces taches qui, par un effet de contraste, ressortent en noir sur la teinte fauve du désert, sont les oasis. La comparaison est d'autant plus juste, que les iles de verdure disséminées sur les mers de sable ont, en général, une forme arrondie. Il faut excepter cependant la plus grande et la plus belle de toutes, l'Égypte. Cette contrée, je l'ai déjà fait remarquer, est enclavée dans la région désertique, ainsi que les autres oasis, dont elle ne diffère que par son étendue beaucoup plus considérable et par sa forme très allongée. C'est un ruban de cent quatre-vingts lieues de long. Sa largeur ne dépasse pas trois à quatre lieues jusqu'au Caire, où se trouve le sommet du triangle connu sous le nom de delta du Nil. Les deux autres angles sont marqués par les villes de Peluse et d'Alexandrie. Cette longue bande de terre fertile est rigoureusement encaissée entre des déserts d'une aridité absolue. Elle serpente, en suivant lès flexuosités du Nil, depuis Assouan jusqu'au Caire, c'est-à-dire depuis le 24e jusqu'au 30e degré de latitude nord. Les limites tracées sur les cartes ne sont donc, en réalité, que des lignes fictives : en dehors de l'étroite vallée du Nil, le vice-roi ne règne que sur des montagnes nues ou sur des plaines sablonneuses.

Une particularité digne d'attention, parce qu'elle est l'unique cause de la fertilité de l'Égypte, c'est que la vallée du Nil, au lieu de se creuser davantage près des bords du fleuve, présente, au contraire, une forme légèrement convexe. C'est grâce à cette convexité qu'à l'époque des crues les eaux se déversent à droite et à gauche, séjournent sur le sol et y déposent leur précieux limon. Le sol de l'Égypte n'est donc qu'une alluvion mêlée aux sables que le vent apporte du désert. Bien que ce pays soit d'une admirable fertilité, on conçoit que son aspect soit partout semblable. « On n'y voit, dit M. Trémaux, ni forêts, ni prairies, ni sites variés ; depuis les bords de la mer jusqu'au tropique, c'est toujours la même

culture, le même village de boue sèche avec ses ruelles tortueuses et sales, toujours le même bouquet de palmiers, qui
finirait par devenir monotone et ennuyeux, si l'élégance de
sa forme ne lui donnait une éternelle beauté, si une lumière

VÉGÉTAUX DU DÉSERT

1. Palmier-doum. — 2. Palmier-dattier. — 3. Alfa (*stipa tenacissima*).

resplendissante ne venait dorer tout ce qu'elle touche, si
enfin un crépuscule d'un effet sans pareil, et dont on ne saurait se lasser, ne venait chaque soir terminer la soirée par
un jeu de lumière d'une magnificence impossible à décrire. »

Le palmier est, en Égypte, comme dans toutes les oasis,
l'élément principal de la végétation arborescente. Cependant

on y voit croître aussi le bananier, le gommier, l'oranger, le
jujubier, le mûrier, le sycomore et d'autres grands arbres,
que Méhémet-Ali a fait planter, et qui ont parfaitement
réussi. D'ailleurs les céréales y donnent jusqu'à quatre récoltes par an ; le lin, le chanvre, l'indigotier, le cotonnier, la
canne à sucre y prospèrent à l'envi, et sous ce climat où la
glace, la neige et la grêle sont inconnus, il n'y a pas de mois
qui n'ait ses fleurs et ses fruits [1].

M. Ch. Martins classe les oasis du Sahara en trois genres,
correspondant aux trois formes du désert, et dont l'existence
se rattache à des conditions différentes. L'oasis des plateaux
est arrosée par un cours d'eau ou une source abondante; celle
des vallées d'érosion, par des puits artésiens naturels ou artificiels; celle du désert de sable n'est point arrosée; les palmiers sont plantés dans des trous coniques creusés de main
d'homme, et leurs racines peuvent atteindre la nappe d'eau
souterraine qui les nourrit.

Les palmiers-dattiers formant, soit des forêts, soit des
vergers plus ou moins vastes, et entourant un ou plusieurs
q'sour fortifiés [2] : voilà ce qui constitue essentiellement une
oasis. La culture du dattier est la principale, souvent même
la seule industrie des habitants des oasis. Cet arbre doit,
disent-ils, « plonger ses pieds dans l'eau et sa tête dans le
feu du ciel. » Le fait est qu'il ne mûrit parfaitement ses
fruits qu'après s'être chauffé pendant huit mois aux rayons
ardents du soleil. Il peut néanmoins supporter un froid nocturne de 5 à 6 degrés au-dessous de zéro. Il fournit, en outre
de ces fruits délicieux que tout le monde connaît, et qui sont
la base de l'alimentation et du commerce des Sahariens, un
liquide laiteux et sucré qui acquiert par la fermentation une
saveur vineuse. Comme les dattiers atteignent une grande
hauteur et que leur tête s'épanouit en un vaste parasol impénétrable au soleil, on peut, dans les oasis bien arrosées,
utiliser les intervalles laissés libres entre leurs troncs pour
cultiver des arbres à fruits et des plantes potagères. Les

---

[1] Voy. Trémaux, *l'Égypte et l'Éthiopie*, Ire partie.
[2] *Q'sour* est le pluriel de *q'seur*, bourg, village.

arbres sont l'olivier, le figuier, le grenadier, l'oranger, quelquefois le pêcher, l'abricotier, le poirier, et même la vigne. Les plantes potagères sont le chou, l'oignon, le navet, la carotte, la fève, le piment, la courge, la pastèque. Dans les

Une rue d'Ouargla.

clairières, on sème des champs de luzerne qui donnent jusqu'à huit coupes par an, des orges et des blés, du tabac rustique et du henné (*lawsonia inermis*), qui sert à teindre en jaune les ongles des femmes.

Les oasis des plateaux, arrosées, comme on l'a vu plus haut, par des cours d'eau douce qui s'écoulent des montagnes et se ramifient en ruisseaux naturels ou artificiels, sont de beaucoup les plus fertiles, et aussi les plus salubres. Elles ont encore l'avantage précieux de se trouver à peu de distance de la région méditerranéenne, et dans un pays moins aride et moins abandonné que le reste du désert. Je citerai, parmi ces oasis, celles d'El-Kantara, de Biskra et d'El-Outaïa, qui forment une sorte de chapelet, et sont arrosées par la même rivière.

L'oasis d'El-Kantara est la première qu'on rencontre en quittant la région méditerranéenne pour pénétrer dans le Sahara par la Bouche-du-Désert. Elle est située à 517 mètres au-dessus du niveau de la mer. Sa longueur est de cinq kilomètres. M. H. Fournel, le premier géologue qui ait pénétré dans cette contrée, au printemps de 1844, avec la colonne expéditionnaire commandée par M. le duc d'Aumale, appelle El-Kantara l'Hyères du Sahara. Les dattes n'y trouvent encore qu'une température tout juste suffisante pour leur maturation. Elle compte cependant plus de soixante-seize mille palmiers, abritant sous leur ombre des abricotiers, des grenadiers et des figuiers. Au centre de cette forêt, des maisons en briques, à couverture plate et percées d'étroites meurtrières, entourent une tour carrée. Les anciennes tours de garde tombent en ruines. Avant que la France eût pris sous sa protection les paisibles Berbères qui cultivent l'oasis, ces tours servaient à signaler de loin les Arabes nomades qui gagnaient en été les pâturages des montagnes, et en hiver ceux du Sahara.

Un type très accusé des oasis du désert d'érosion nous est donné par celle d'Ouargla, la dernière que les Français aient soumise dans le Sud algérien.

Cette oasis est située dans un bas-fond. Sa forme est celle d'une ellipse, dont le grand axe a cinq kilomètres environ, et le petit trois. Les palmiers y sont plantés à raison de mille à onze cents par hectare; ils y atteignent des proportions extraordinaires, et leur épais feuillage couvre de nombreux arbres fruitiers. En dehors des jardins croissent sans culture des palmiers isolés, qui donnent moins de dattes que ceux de la forêt, mais dont les fruits sont, en revanche, beaucoup plus savoureux. Deux clairières ou trouées, qui coupent la forêt du nord au sud, donnent accès au bourg ou *q'seur* d'Ouargla. Ce q'seur est construit, comme tous les autres, en terre séchée au soleil, et entouré d'une enceinte circulaire en fort mauvais état, haute de deux à quatre mètres, et dont la base a un mètre cinquante centimètres d'épaisseur. Ces murailles sont flanquées de tours ébréchées, et baignent leur pied dans un fossé vaseux, que traversent, en face des six portes, autant de chaussées.

De petits camps retranchés, où les Arabes pasteurs des environs viennent se réfugier avec leurs troupeaux quand l'oasis est menacée, s'élèvent devant quelques-unes de ces portes. Le q'seur d'Ouargla est divisé en trois quartiers, habités par trois tribus qui ne vivent pas toujours en très bonne intelligence. Son aspect est celui de tous les q'sour du Sahara : des rues étroites et sales, souvent obstruées par des décombres et par des tas d'immondices ; des maisons basses, percées de fenêtres, ou plutôt de trous, la plupart du temps sans aucune fermeture, et de portes entourées d'un cadre de plâtre blanc incrusté de morceaux de faïence ; une population misérable, sordide et d'un aspect repoussant : tel est, en quelques traits, le spectacle qui s'offre au voyageur lorsqu'il pénètre dans ces bourgades, bien peu ressemblantes, on le voit, aux demeures enchanteresses, pleines d'ombre, de fraîcheur et de parfums, que l'imagination aime à se représenter sous ce nom charmant d'oasis. Il est bon d'ajouter que les eaux minérales, souvent même thermales, qui arrosent ou plutôt inondent les jardins de palmiers, forment autour des q'sour des marécages d'où s'exhalent des émanations délétères, et que les malheureux habitants sont constamment décimés par la fièvre, aveuglés par les ophtalmies et dévorés par les insectes.

Nous avons vu que ces eaux sont fournies aux oasis du désert d'érosion par des puits artésiens, naturels ou artificiels. Ces derniers sont connus des peuplades du Sahara depuis la plus haute antiquité ; mais les outils et les procédés employés pour les forer ou les conserver sont, on le devine, très grossiers et très insuffisants. Les parois du puits ne sont

soutenues que par un blindage en bois de palmier, qui pourrit
en peu de temps ; le puits s'engorge, des plongeurs y descendent avec des paniers pour le curer ; mais un moment
arrive où le curage devient impossible. « Alors, faute d'eau,
dit M. Martins, les dattiers déclinent et périssent, les villages
se dépeuplent, l'oasis se rétrécit et finit par disparaître. Le
désert reprend possession du domaine que le travail de
l'homme lui avait arraché. » Heureusement les ingénieurs
français sont arrivés avec leurs merveilleux appareils, et ils
ont creusé en maint endroit de vrais puits artésiens, tels que
ceux qui alimentent plusieurs de nos grandes villes. Grâce à
eux, plusieurs oasis qui allaient périr ont été sauvées, d'autres
ont été créées, et la conquête du désert par l'industrie moderne
n'est plus désormais qu'une question de temps.

Les oasis du désert de sable, avons-nous dit, ne sont point
arrosées. Elles ne possèdent que des puits suffisants tout au
plus pour les besoins des pauvres cultivateurs. Quant aux
palmiers et aux autres végétaux nourriciers, ils sont plantés
au fond d'excavations coniques de six, huit et dix mètres de
profondeur ; de sorte qu'à une faible distance on ne voit que
leurs cimes qui apparaissent au-dessus du sol sablonneux,
comme de grosses touffes de gazon. Les talus qui environnent
ces jardins creux sont maintenus, tant bien que mal, par un
blindage en feuilles de palmier. Le puits lui-même se trouve
au centre du jardin, et sa profondeur ne dépasse pas huit
mètres. Rien de plus précaire que ces oasis, qu'un coup de
vent peut faire disparaître sous une avalanche de sable.
Cependant les hommes y sont plus propres, plus gais et mieux
vêtus, les femmes moins misérables et moins opprimées, et
les maisons mieux tenues, mieux installées que dans les
grands-q'sour des régions supérieures. Dans le Souf, région
sablonneuse du Sahara oriental, on a vu les laborieux habitants de ces oasis demeurer paisibles au milieu des agitations
et des révoltes de leurs turbulents voisins, et se montrer fidè-
lement attachés à la France, qui les protège contre les incur-
sions des brigands tunisiens. Cette sécurité relative est
pourtant le seul bienfait qu'ils aient reçu de nous ; ce n'est pas
le seul qu'ils aient le droit d'en attendre. « Il serait digne du

gouvernement français, dit M. Ch. Martins, de les affranchir
du travail de Sisyphe que nécessitent leurs jardins creusés
dans le sable, et de faire jaillir à la surface du sol les eaux
souterraines qui sont la vie de leurs dattiers. Que la sonde
artésienne atteigne ces nappes bienfaisantes, et les oasis du
Souf se multiplieront comme celles de l'Oued-Riz, et forme-
ront un chapelet continu jusqu'aux frontières de la Tunisie,
que la force des choses et le vœu des populations paisibles
relieront tôt ou tard à la France africaine. »

CHAPITRE VI

LA SUPPRESSION DU DÉSERT. — UN PROJET DE SUBMERSION
D'UNE PARTIE DU SAHARA

Forer des puits artésiens pour fertiliser le désert, — ce qui reviendrait à le supprimer, — c'est bien peu : une longue suite de générations n'y suffirait pas. Ne pourrait-on aller plus vite, et submerger sinon le désert entier, au moins une partie? Ne pourrait-on, s'il est vrai, comme beaucoup de géologues l'ont pensé, que le Sahara soit une ancienne mer desséchée, restaurer cette mer, ne fût-ce que sur un espace restreint? La mer intérieure ainsi reformée serait autant de gagné d'abord pour la navigation, pour le commerce; puis ses vapeurs, pompées par le soleil, retomberaient en pluie sur le reste, y ramèneraient la vie, la végétation, et par suite y feraient refleurir l'agriculture et la végétation. Ce problème séduisant a été posé de nos jours, et mérite que nous y consacrions un chapitre.

Sous ce titre : « Une mer intérieure en Algérie, » la *Revue des Deux Mondes* publiait, dans sa livraison du 15 mai 1874, un article qui fut remarqué. L'auteur, M. Roudaire, est un capitaine d'état-major, jeune sans doute, très instruit, — je pourrais dire savant, — sachant manier la plume comme le compas. Je ne parle point de l'épée, qui, Dieu merci, n'a ici rien à faire. Chargé avec un de ses collègues, M. le capitaine de Villars, de tracer le réseau géodésique de la méridienne

de Biskra, en Algérie, M. Roudaire fut construit à mesurer
l'altitude des différents points de la partie du Sahara algérien
et tunisien qui s'étend au pied du Djebel-Aurès, la chaine
montagneuse la plus élevée de l'Algérie. Cette région, presque
entièrement déserte et stérile, est connue sous le nom de bassin des *Chotts*. Les *chotts* ou *sebkhas,* que l'on trouve indiqués
sur beaucoup de cartes, marqués avec la désignation impropre
de *lacs,* sont en réalité des bas-fonds vaseux, des marais
salins que l'eau ne recouvre qu'à certains moments de l'année. Lorsqu'ils sont à sec, — ce qui est leur état le plus ordinaire, — ils présentent un phénomène fort singulier. « Ils
sont alors, dit M. Roudaire, couverts de sels de magnésie,
et ressemblent à s'y méprendre à d'immenses plaines couvertes de gelée blanche. Quand on s'aventure dans l'intérieur
des chotts, on y éprouve une chaleur lourde et accablante.
Les yeux sont éblouis par là réverbération des rayons du soleil sur les petits cristaux de magnésie qui tapissent le sol ;
les objets placés sur les bords y sont réfléchis avec autant
de fidélité que dans les eaux les plus transparentes. Mais il
ne faut avancer sur ces champs de sel qu'avec une extrême
précaution. Le terrain n'y est point partout, tant s'en faut,
d'une solidité parfaite. La couche brillante des cristaux cache
en maint endroit des trous que les indigènes nomment
chrials, c'est-à-dire « marmites », et qui sont remplis d'une
boue demi-liquide qui vous engloutit bel et bien. » Un auteur arabe raconte le fait suivant, qui est de nature à inspirer
une sage défiance des surprises que les chotts réservent aux
touristes et aux explorateurs trop confiants. Une caravane
de mille chameaux traversait le chott El-Djerid, lorsqu'un
d'eux, par malheur, s'écarta un peu du chemin. Il paraît
que les chameaux sont du même acabit que les moutons,
leurs confrères en rumination : où va le chef de file, les
autres le suivent aveuglément. Le premier chameau disparut, et les neuf cent quatre-vingt-dix-neuf autres après lui.
Je donne, bien entendu, « sous toutes réserves, » cette anec-
dote d'après M. Roudaire, qui l'emprunte à Moula-Ahmed,
lequel la tenait d'El-Tedjani. Le même Moula-Ahmed ajoute
qu'à l'époque où il passa lui-même par le chott El-Djerid,

« un terrain de cent coudées s'enfonça tout à coup, englou-
tissant les hommes et les animaux qui s'y trouvaient. Les
chameaux se mirent à beugler et ne laissèrent d'autres traces
que leurs fientes, qui remontèrent à la surface. Des arbres
que le vent avait déracinés, poussés par la rafale vers cet
endroit, y disparurent en sa présence. »

On voit que les chotts sont des lieux fort malsains, et desquels on ne peut tirer aucun parti, si ce n'est d'y recueillir
des sels purgatifs. Ils forment une sorte de chapelet qui commence à quelques kilomètres du golfe de Gabès, sur la côte
orientale de la Tunisie, et qui s'étend de l'est à l'ouest jusqu'à la hauteur de Biskra. Le premier à l'ouest est le chott
Melrir, dont le nom revient souvent sous la plume de M. Roudaire, et dont le bord occidental se trouve, d'après les me-
sures prises par cet officier, à vingt-sept mètres environ au-
dessous du niveau de la mer. Son lit aurait une inclinaison
de vingt-cinq centimètres par mètre dans la direction de l'est
jusqu'au chott Sellem ; l'altitude du lit de ce dernier serait de
moins de quarante mètres. M. Roudaire regarde comme « ma-
thématiquement démontré » que les chotts Melrir et Sellem
occupent le fond d'une vaste dépression du sol, qui se continue par les chotts Kharsa et El-Djerid, jusqu'à peu de distance du golfe de Gabès, et il entreprend de prouver histo-
riquement que cette dépression communiquait autrefois avec
la Méditerranée et formait un golfe désigné par les anciens
auteurs sous le nom de *golfe* ou *grande baie de Triton*, lequel
s'est desséché au commencement de l'ère chrétienne, par suite
de la formation d'un isthme qui l'a séparé de la mer. C'est cet
isthme que M. Roudaire propose de couper pour livrer passage
aux eaux de la Méditerranée et transformer de nouveau le bassin des chotts en une mer intérieure.

Cette idée, il faut le reconnaître, est de celles qui plaisent tout
d'abord par leur audace et leur grandeur. Restituer à la mer
un domaine dont elle a été dépossédée, remplacer un désert
stérile et inhospitalier par un grand lac facilement navigable,
défaire ce qu'a fait la nature et refaire ce qu'elle a défait,
c'est là une entreprise qui, prise en elle-même, répond tout
à fait aux tendances du génie de l'homme civilisé. Mais le

génie de l'homme moderne n'est pas seulement amoureux des
œuvres hardies. S'il lui plait de remanier à son gré son domaine, il aime bien aussi à savoir ce que cela lui peut coûter
et ce que cela lui rapportera. Il tient pour le positif, et considère en toute chose l'utilité. M. Roudaire ne l'oublie pas;
aussi n'est-ce pas seulement au point de vue de l'art et de la
science qu'il se place pour recommander et développer son
projet. Il le considère surtout au point de vue économique, et
il soutient que la reconstitution de l'ancienne baie de Triton
serait d'une part facile et peu coûteuse, et, d'autre part, que
« les conséquences de cette opération seraient immenses pour
la prospérité de l'Algérie et de la Tunisie ».

En ce qui concerne le premier point, il y avait à se demander, au préalable, comment a dû se former l'isthme qui
a séparé le golfe de Triton du golfe de Gabès et amené le desséchement du premier. Quelques auteurs attribuent cette formation à l'action des cours d'eau qui s'écoulent dans le bassin
des chotts, et qui, fréquemment transformés en de véritables
torrents, auraient fini par fermer le détroit par l'accumulation des graviers entraînés jusqu'au rivage. Mais il est peu
admissible que les graviers aient pu être conduits jusqu'à
l'embouchure de la baie, à moins que ce ne fût par un courant général des eaux de cette baie vers la Méditerranée. Or
M. Roudaire établit que ce courant n'a pu exister, et qu'en
tout cas il n'expliquerait point l'accumulation des graviers et
des sables sur une hauteur évaluée par lui à une vingtaine
de mètres au-dessus du niveau de la mer. L'évaporation et la
concentration des eaux salées de la baie avaient sans doute
pour effet de produire un fort courant de surface allant de
l'extérieur à l'intérieur; il existait aussi, par contre, un courant inférieur; mais ce contre-courant était trop faible pour
mettre en mouvement les sables et les accumuler à l'entrée
de la baie. Selon M. Roudaire, la formation de l'isthme s'explique de la manière la plus satisfaisante par l'action des
marées, exceptionnellement hautes dans cette partie de la
Méditerranée, et dont les vagues, se mouvant d'Orient en
Occident, apportent incessamment sur la côte les galets et
les sables de la mer.

Quoi qu'il en soit, dans l'une comme dans l'autre hypothèse, l'isthme de Gabès ne serait formée que de graviers, de galets et de sable, et le percement ne rencontrerait pas de difficultés sérieuses. La longueur du canal à créer n'excéderait pas douze kilomètres selon M. Roudaire, et ne coûterait pas, y compris les travaux d'art, plus d'une quinzaine de millions.

Mais ce n'est pas tout : les eaux de la mer, faisant invasion par ce canal, couvriraient, toujours d'après les appréciations de M. Roudaire, un espace de trois cent vingt kilomètres de long sur une largeur moyenne de soixante kilomètres. Dans cet espace s'élèvent, au milieu des sables du désert, quelques oasis cultivées en palmiers-dattiers, et qui disparaîtraient sous ce déluge artificiel. Il serait donc nécessaire d'exproprier les cultivateurs en leur accordant une juste indemnité. Or, « dans la région du chott Mel-Rir et de l'Oued-Rir, dit notre auteur, la seule oasis importante qui semble être au-dessous du niveau de la mer est celle de Neira. Dans les oasis, la fortune se compte par le nombre des palmiers que l'on possède. Celle de Neira en contient environ cinq mille, qu'on peut estimer en moyenne à cent francs ; cela ferait cinq cent mille francs. En prenant, au *pis aller*, dix fois ce chiffre pour la valeur totale des indemnités à accorder, on n'arriverait encore qu'à cinq millions. » Ainsi, la dépense totale serait au plus d'une vingtaine de millions : une bagatelle !

J'arrive au second point. Si la création de la nouvelle mer algérienne est vraiment aussi peu coûteuse et aussi facile que le croit M. Roudaire, il n'y a pas à hésiter : la peine et la dépense ne sauraient entrer en balance avec les bienfaits qui résulteraient de cette entreprise menée à bonne fin. Des textes anciens, cités par M. Roudaire, font voir qu'au temps jadis, lorsque cette mer existait, la contrée environnante était riche et fertile. Les pluies étaient assez fréquentes et assez abondantes pour assurer la fécondité du sol. Plusieurs villes florissantes s'élevaient sur les bords du golfe de Triton, et les navires y venaient apporter en abondance les richesses de l'Orient. Aujourd'hui le golfe de Gabès est veuf de tout port : un seul mouillage, près de Sphax, à l'ouest des îles Kaker-sah, permet aux navires de jeter l'ancre, mais encore à une assez grande distance du littoral. Le rétablissement de la baie de Triton modifierait donc très heureusement le climat de cette partie de l'Afrique, et les navires « qui vont sur l'eau » remplaceraient avec avantage les « navires du désert », *id est* les dromadaires, seul moyen de transport aujourd'hui possible pour les hommes et les marchandises. On aurait créé, moyennant la faible somme de vingt millions, un capital agricole et commercial presque incalculable. En outre, — et cette considération n'est pas à dédaigner, — « ce gigantesque travail aurait un immense retentissement jusque dans le centre de l'Afrique et y porterait à un haut degré l'influence et le prestige de la France. » Notons enfin que la Tunisie, dont le consentement et le concours seraient indispensables, puisque c'est sur la côte tunisienne qu'est situé l'isthme de Gabès, — la Tunisie, disons-nous, aurait plus encore que l'Algérie à gagner au succès de l'entreprise : ce serait pour elle le point de départ d'une véritable transformation. Le bey de Tunis l'avait compris, et il avait désigné un de ses officiers chargé de prendre part aux études préliminaires, pour lesquelles un crédit de vingt-cinq mille francs allait être demandé à l'assemblée nationale.

Tel est, en résumé, le projet de M. le capitaine Roudaire. Dès qu'il s'agissait d'un isthme à percer et d'une mer à déplacer, on devait s'attendre à voir intervenir M. de Lesseps. L'illustre promoteur et directeur du percement de l'isthme de Suez s'empressa, en effet, d'accorder son haut patronage à l'idée émise par M. Roudaire, et il s'en fit le chaleureux défenseur. Cette idée, soumise à l'Académie des sciences, ne pouvait manquer d'éveiller l'intérêt de la docte compagnie, qui nomma une commission pour examiner le projet et en suivre les développements. Mais il s'en fallait encore que le dernier mot fût dit à cet égard. « Qui n'entend qu'une cloche n'entend qu'un son. » Nous n'avons entendu jusqu'ici que la cloche de M. Roudaire. Il convient d'écouter aussi celles qui ne sonnent pas à l'unisson. Déjà plusieurs auteurs, dont l'opinion mérite toute attention, avaient formulé dans des notes adressées à l'Académie des objections qui, si elles sont fondées, ne tendraient à rien de moins qu'à rejeter le projet de

M. Roudaire dans la catégorie des conceptions chimériques. M. Roudaire et M. de Lesseps répliquèrent. La discussion vaut la peine d'être analysée et appréciée, au moins sommairement.

Une première objection faite au projet de M. le capitaine Roudaire était relevée par M. de Lesseps, à la fin d'une courte note où l'honorable académicien exposait « l'état de la question ». (Séance du 13 juillet 1874.) « J'ai lu dans les journaux, disait M. de Lesseps, que l'évaporation qui serait la conséquence du remplissage du bassin de Triton pourrait influer d'une manière fâcheuse sur le climat de la France. On a même parlé de la possibilité d'un retour à l'époque glaciaire. Je ne partage pas ces craintes; d'autant plus que l'évaporation provenant d'une mer intérieure de trois cent cinquante kilomètres de long sur soixante de large ne donnerait tout au plus, pour l'évaporation, que vingt-trois millions de mètres cubes par an. » Et il terminait en priant ceux de ses confrères qui avaient une grande autorité dans les questions météorologiques, et particulièrement Leverrier, de vouloir bien dire ce qu'ils en pensaient.

Le *compte rendu* ne donne point la réponse de Leverrier; mais il en est fait mention au début d'un mémoire de M. Ch. Grad, sur l'*Origine des vents chauds des Alpes et la constitution physique du Sahara*, communiqué quinze jours plus tard à l'Académie par Leverrier. Nous y voyons que le savant astronome « a montré l'inanité des craintes émises sur les conséquences fâcheuses de l'évaporation de cette nappe d'eau intérieure pour le climat de la France ». M. Ch. Grad, qui est un partisan du projet Roudaire, croit que l'existence de la mer projetée augmenterait la pluie sur les versants de l'Atlas et des monts Aurès, mais ne saurait avoir aucune action sur les glaciers des Alpes. Il n'admet point que le Sahara ait jamais été une mer, comme le supposent plusieurs géologues qui attribuent au voisinage de cette mer la grande extension des anciens glaciers des Alpes, et il s'applique à démontrer que, de même que la prétendue mer saharienne ne fut pour rien dans la prédominance des vents froids sur cette région montagneuse, de même l'apparition périodique actuelle des vents chauds, désignés sous les noms de *fœhn* et de *siroco*, est absolument indépendante de la constitution physique du Sahara.

Je crois inutile. de suivre M. Grad dans cette dissertation, d'un intérêt plus théorique que pratique. L'objection à laquelle il répondait et à laquelle MM. de Lesseps et Leverrier avaient répondu déjà plus sommairement, ne paraît pas soutenable, et il n'est pas besoin d'être un grand savant pour concevoir difficilement que le climat du midi de l'Europe puisse être sensiblement modifié par la création, au nord de l'Afrique, d'un bassin d'une vingtaine de mille kilomètres de superficie.

Des objections beaucoup plus sérieuses furent formulées par MM. C. Houvyet, Edmond Fuchs et Cosson.

M. Houvyet laissait de côté la question des conséquences qui résulteraient de l'exécution du projet ; il voulait bien accorder que ces conséquences seraient merveilleuses. « Mais, disait-il, ce n'est pas tout de rétablir une mer intérieure en Algérie : il faudrait la maintenir. Or qu'est-ce qui remplacera, s'il vous plaît, l'eau que votre mer artificielle perdra par évaporation sous les rayons du soleil africain ? Où sont les fleuves qui viendront l'alimenter ? Il n'y en a point. Ce qui l'alimentera exclusivement, ce sera l'eau salée arrivant par le canal. La mer intérieure ne tardera donc pas à se trouver au maximum de saturation : et l'eau douce s'évaporant toujours et n'étant jamais remplacée que par de l'eau salée, il se formera un dépôt de sel qui finira par remplir le bassin entier ; si bien qu'au lieu d'une mer navigable, vous n'aurez créé qu'une immense saline ! »

M. Roudaire sentit la force de cet argument, et il essaya de le rétorquer. Selon lui, le danger que signale M. Houvyet serait suffisamment conjuré par le contre-courant inférieur qui s'établirait du golfe à la Méditerranée, et qui rejetterait incessamment dans celle-ci les sels amenés par le courant supérieur. Cependant il prévoit encore une petite difficulté. « On m'objectera peut-être, disait-il, que le peu de profondeur du canal de Gabès ne permettra pas au courant inférieur de se produire. Nous pourrions répondre que le canal sera creusé *dans des sables peu consistants, puisqu'ils proviennent des apports successifs des vagues de la mer;* que par conséquent nous devons *compter sur la rapidité du courant qui s'y établira* au moment du remplissage du bassin des chotts, *pour porter sa profondeur à quinze ou seize mètres;* que d'ailleurs nous aurons plusieurs siècles devant nous avant que le péril devienne imminent, et que par conséquent nous aurons le temps d'approfondir et de draguer... »

J'ai souligné, dans cette réplique de M. le capitaine Roudaire, une phrase qui me paraît contenir implicitement une objection nouvelle et fort grave à son ingénieux projet. En effet, lorsqu'on aura enlevé, pour creuser le canal, ces sables que les vagues de la mer ont apportés, n'est-il pas à craindre que les mêmes vagues n'en apportent d'autres, et que loin de creuser le canal, comme M. Roudaire s'en flatte, le courant qui s'établira ne contribue puissamment à le combler? Comment empêchera-t-on les mêmes causes qui ont fermé jadis le canal naturel de Gabès de déterminer aussi, dans un temps plus ou moins long, l'obstruction du canal artificiel? « Bah! répond M. Roudaire, nous draguerons; et puis nous avons quelques siècles devant nous. » Soit; mais alors l'entreprise n'est plus aussi simple et aussi aisée qu'elle semblait d'abord, et voici déjà un point noir à l'horizon. Mais M. Edmond Fuchs prévoit bien d'autres obstacles. M. Fuchs est un savant ingénieur qui, sur l'invitation du général Kereddine, premier ministre de la régence de Tunis, a exploré, en compagnie de M. Le Blant, l'ancien isthme de Gabès et l'extrémité orientale de la dépression saharienne. Il déclare « ne pouvoir partager les brillantes espérances qu'avait fait naître le nivellement de M. le capitaine Roudaire ». D'après les observations et les relevés de M. Fuchs, là où M. Roudaire n'a vu que du sable à enlever à la pelle, il n'y aurait pas moins qu'une petite chaîne de montagnes et de collines dont la moindre altitude serait de 50 à 60 mètres au-dessus du niveau de la mer. « La constitution de ce *puissant barrage,* dit-il, est fort complexe; *les sables n'y jouent qu'un rôle tout à fait accessoire,* et ne commencent à prendre quelque importance que vers les bords de la Sebkha. »

Le massif du barrage est, au contraire, « essentiellement composé de couches alternantes de *grès quartzeux et ferrugineux,* surmontant des *calcaires compacts...* » Voilà qui promet de la besogne aux terrassiers. Bref, M. Fuchs, en s'appuyant sur ces données et sur d'autres non moins précises, estimait d'abord « qu'il n'y a jamais eu, dans les temps historiques, de communication entre la Méditerranée et la dépression saharienne » et que, pour établir cette communication et prévenir la formation d'un dépôt salin dans la nouvelle mer intérieure, en assurant la libre circulation des eaux entre cette mer et la Méditerranée, il serait nécessaire de donner au canal une profondeur *minima* de dix mètres, sur une largeur de cent mètres et une longueur d'au moins cinquante kilomètres. Cela représente un minimum de cinquante millions de mètres cubes de *roche dure* et une quantité presque égale de terres et de sables à enlever, et M. Fuchs évaluait à plus de trois cents millions de francs la dépense qu'entraîneraient l'abatage et le transport de ces énormes déblais. M. Roudaire, on l'a vu, croyait pouvoir affirmer que la dépense totale, y compris les indemnités à accorder aux propriétaires des oasis sacrifiés, n'atteindrait pas vingt millions ! D'autre part, M. Fuchs pensait que la superficie qu'il serait possible d'inonder ne dépasserait pas quinze mille kilomètres carrés. Il ne doutait pas des conséquences heureuses qu'entraînerait, pour l'Algérie et la Tunisie, la création du nouveau bassin, même réduit à ces proportions ; mais ces conséquences ne se produiraient, selon lui, qu'avec une extrême lenteur, et « elles ne sont pas de nature à offrir une rémunération, même lointaine, aux capitaux qui auraient été consacrés à leur réalisation... »

M. E. Cosson, membre de l'Académie des sciences, se montrait encore plus pessimiste que M. Fuchs. Lui aussi, il a exploré le bassin des chotts, et l'existence ancienne de la mer intérieure en cet endroit est, à ses yeux, « un fait incontestable ». Mais « cela seul, dit-il, ne saurait faire admettre la possibilité d'amener dans le lit des chotts les eaux du golfe de Gabès » ; et, cette possibilité même étant admise, les bienfaits qui en résulteraient sont, d'après lui, fort douteux.

Contrairement à l'opinion de M. Fuchs, M. Cosson croyait que la mer saharienne rêvée par M. Roudaire s'étendrait sur une surface beaucoup plus grande que celle indiquée par M. Roudaire, mais qu'elle n'aurait pas de limites plus nettes que celles des chotts eux-mêmes, et qu'en envahissant les terres de toutes parts elle y laisserait de vastes flaques d'eau sans profondeur qui deviendraient, par l'évaporation, autant de dépôts salins. Plusieurs des oasis de l'Oued-Rir, aujourd'hui prospères, grâce aux puits artésiens forés ou déblayés par l'administration française, seraient submergées. D'ailleurs, il est très probable que l'infiltration de l'eau de mer dans la nappe souterraine qui alimente ces puits, et qui peut en alimenter bien d'autres encore, deviendrait une cause de ruine pour les oasis d'abord épargnées. Quant au changement de climat et aux pluies abondantes résultant de la condensation des vapeurs fournies par la nouvelle mer, l'effet le plus certain qu'on en doive attendre, ce serait la destruction des dattiers, qui sont, il ne faut pas l'oublier, la véritable richesse du Sahara.

Les conditions essentielles à la culture de cet arbre précieux, qui à lui seul subvient à tous les besoins des habitants, et, par l'abri tutélaire qu'il leur offre, est la base de toutes les autres cultures, sont une grande somme de chaleur au moins pendant l'été, la pureté du ciel, *la rareté des pluies,* la sécheresse de l'atmosphère et une humidité suffisante du sol. Dans leur langage imagé, les Arabes résument ces conditions en disant : « Le dattier, père et roi des oasis, doit plonger son pied dans l'eau, et sa tête dans le feu du ciel. » Or c'est la région où le dattier donne ses produits les plus abondants et les meilleurs que M. Roudaire proposait de submerger ou de transformer. Était-il bien certain que les récoltes hypothétiques qu'il entrevoyait dans l'avenir compenseraient la destruction de celle qui existe aujourd'hui et qu'il serait facile de développer en multipliant simplement les puits artésiens, en boisant les points non irrigables, en poursuivant, en un mot, des améliorations indiquées par la nature même du sol et du climat, et qui n'exigeraient que des dépenses médiocres et successives?...

Caravane dans le désert.

Telle est la question posée fort judicieusement, si je ne me trompe, par M. Cosson, et qui devait donner à réfléchir à l'auteur et aux partisans du projet de mer algérienne.

M. Roudaire cependant n'y renonçait pas ; il répondit de son mieux à MM. Fuchs et Cosson ; mais il ne pouvait se dissimuler que les considérations développées par ces deux savants méritaient au moins d'être examinées et vérifiées avec attention, et, avec une entière bonne foi, il concluait en disant que « les opinions si contradictoires émises, jusqu'à ce jour, par des savants distingués sur le projet de mer intérieure, faisaient ressortir la nécessité d'études sérieuses et définitives dans le bassin des chotts. Alors seulement on pourrait prévoir exactement les dépenses, se rendre compte des avantages et discuter le projet sur des bases certaines ».

Encore un savant qui ne croit point qu'il y ait jamais eu de mer saharienne et qui ne croit pas davantage à l'utilité, — tout au plus à la possibilité, — de la créer : c'est M. Pomel. Il nous apprend d'abord, dans une note présentée à l'Académie des sciences par M. Ch. Sainte-Claire-Deville, qu'il a publié, en 1872, un ouvrage sur le Sahara, « dans le but de substituer des faits positifs et scientifiques aux préjugés, aux hypothèses et aux erreurs qui ont cours sur la constitution physique ancienne et actuelle de cette région mystérieuse. »

Ce livre s'adressait spécialement aux naturalistes et aux géologues. M. Pomel y démontrait, entre autres choses, « qu'il n'y a point eu de mer saharienne » ; et prévoyant dès lors le projet d'une communication à ouvrir avec le golfe de Gabès, il s'appliquait à faire voir que la constitution climatérique actuelle de la région saharienne ne saurait être modifiée par la submersion du bassin des chotts, puisque des masses d'eau bien autrement importantes, la mer Rouge, la Méditerranée et même l'océan Atlantique, n'empêchent point le désert de s'étendre jusqu'à leur rivage, et que, au milieu même de l'Atlantique, les îles du Cap-Vert ont une véritable constitution saharienne. Cette considération, je l'avoue, me paraît très frappante dans sa simplicité. M. Pomel croit devoir l'appuyer de raisons historiques qui ne sont pas non plus sans valeur. Il reprend les textes d'Hérodote et de Scylax, où

M. le capitaine Roudaire a puisé ses principaux arguments en faveur de sa thèse, et il montre qu'on en peut tirer à peu près ce qu'on veut, comme de beaucoup d'autres textes anciens. C'est affaire d'interprétation; mais encore faudrait-il, au préalable, prouver qu'Hérodote, Scylax, Strabon, Ptolémée ne parlaient point au hasard et que leurs descriptions méritent réellement d'êtres prises au sérieux. Or nous savons de reste ce qu'il faut penser des indications géographiques fournies par les auteurs anciens. N'avons-nous pas vu des écrivains très ingénieux se servir de ces données fantastiques pour prouver : l'un (M. Moreau de Jonnès fils), que la fameuse Atlantide de Platon était une île du Pont-Euxin, et que les colonnes d'Hercule se trouvaient entre cette même mer et un océan Scythique depuis longtemps disparu; l'autre (M. de Roisel), que l'Atlantide était bien située au milieu de l'océan Atlantique, et qu'elle formait comme un vaste trait d'union entre l'Europe et l'Amérique. On a discuté de même avec tout autant de probabilité sur l'emplacement de l'île de Thulé. Or, pour tout esprit positif et non prévenu, il est clair que l'Atlantide et Thulé sont purement et simplement des mythes, et il y a tout lieu de penser que la prétendue mer de Triton est à ranger dans la même catégorie.

Est-ce bien sérieusement que l'on peut, comme l'a fait M. le capitaine Roudaire, invoquer à titre de preuves historiques le voyage des Argonautes et l'épisode de Jason poussé par la tempête sur des bas-fonds où il eût péri sans le secours d'un triton charitable? M. Roudaire croit-il donc *que c'est arrivé?...* M. Pomel me paraît beaucoup mieux avisé lorsqu'il rappelle que le lac ou golfe de Triton était un des pays classiques de la mythologie des Grecs, et que ce golfe prêtait d'autant plus au mystère que le dédale des bancs de sable de la côte et la force des marées en faisaient pour les navigateurs un objet de terreur superstitieuse. Ni Hérodote ni Scylax ne donnent une idée tant soit peu nette de la configuration et de l'étendue de cette prétendue mer intérieure, et le second même confond le lac de Triton avec le golfe de la Syrte.

Au lieu de disserter à perte de vue sur des textes obscurs,

rédigés au hasard par des hommes qui n'étaient presque toujours que les échos des traditions et des légendes mythologiques de leur temps et de leur pays, le mieux est sans doute de s'en tenir à l'étude topographique et géologique de la région des chotts. En se plaçant à ce point de vue, M. Pomel établit, comme l'ont fait d'autres naturalistes, parmi lesquels il faut citer Paul Gervais, que cette région n'a jamais pu être un golfe de la mer, puisque les sédiments qui s'y sont déposés ne contiennent que des organismes d'eau douce ou saumâtre, et que ce dépôt appartient aux temps quaternaires et préhistoriques, à la fin desquels s'est établi le régime physique actuel du Sahara. Quant à l'isthme de Gabès, qu'il s'agit de percer, M. Pomel est convaincu que ce ne saurait être un simple cordon de dunes, et il voit dans l'opération proposée par M. Roudaire « des dépenses bien plus considérables qu'on ne pense, *et pour un résultat nul.* »

Et nous ne sommes pas au bout des objections qu'a soulevées au sein même de l'Académie des sciences le projet de M. Roudaire. Nous avons dit que l'illustre compagnie en avait renvoyé l'examen à une commission spéciale choisie dans son sein. Les conclusions du rapport présenté, au nom de cette commission, par M. le général Favé, étaient entièrement favorables au projet; elles donnèrent lieu à une nouvelle discussion qui, il faut le dire, n'a pas tourné à l'avantage du projet. Un éminent naturaliste, entre autres, M. Naudin, ne s'est pas contenté de contester l'opportunité ou l'utilité du percement du seuil de Gabès : il se demandait « si cette difficile et coûteuse opération ne serait pas *un malheur irréparable* pour notre colonie algérienne ». Ce qui est à craindre par-dessus tout, selon lui, c'est qu'en remplissant d'eau de mer les bassins peu profonds des chotts algériens, on n'aboutisse qu'à « établir un immense foyer pestilentiel bien autrement dangereux que les maremmes de la Toscane et les marais Pontins ».

Mais deux objections, selon nous, sont absolument décisives. La première est de l'ordre physique, et elle peut se résumer brièvement dans ce simple dilemme : ou la mer saharienne n'a jamais existé, et alors on poursuit, en voulant la créer de toutes pièces, la plus téméraire des entreprises ; on prétend faire arriver les eaux de la Méditerranée dans un bassin dont le fond inégal, perméable et mouvant, n'est, selon toute apparence, nullement propre à les recevoir et à les garder ; on engage, en un mot, contre la nature même une lutte dont il est impossible de prévoir le résultat. Ou bien cette mer, comme le soutiennent M. Roudaire et la plupart de ses adhérents, a existé autrefois ; mais, en ce cas, sur quoi se fonde-t-on pour croire que les causes qui ont détruit une première fois l'œuvre de la nature respecteraient maintenant l'œuvre tout artificielle qu'on prétend accomplir ? Comment ne voit-on pas que les mêmes agents qui, dans l'hypothèse de l'existence d'une mer saharienne contemporaine des premiers navigateurs de l'antiquité, ont amené, dans un temps relativement très court, la disparition complète de cette mer, ne pourraient manquer de reprendre leur œuvre d'exhaussement ou d'ensablement du fond, d'obstruction du chenal, d'évaporation ou d'absorption des eaux, et que la mer restaurée aurait inévitablement, et bien plus rapidement, le même sort que sa devancière ?

La seconde objection que suggère l'examen du problème est tout économique. En somme, ce que M. Roudaire proposait aux gouvernements français et tunisien, c'était *une affaire*, une spéculation. Or en toute chose, et particulièrement en affaires, « il faut considérer la fin ». Il s'agit de mettre en balance les résultats à obtenir et les efforts, les sacrifices à faire. Les sacrifices peuvent être grands, les efforts longs et pénibles ; mais on s'y résigne si, les difficultés vaincues et l'œuvre une fois accomplie, on est assuré d'y trouver une compensation au moins suffisante de la peine qu'on s'est donnée, des dépenses qu'on s'est imposées, des risques qu'on a courus. C'est dans de telles conditions qu'ont été accomplies toutes les grandes entreprises industrielles.

Lorsque des esprits hardis ont formé le dessein d'établir des chemins de fer et des bateaux à vapeur, de créer la télégraphie électrique, de percer l'isthme de Suez, on pouvait alléguer que ces choses étaient d'une exécution difficile ou même impossible ; mais ce dont on était certain, c'est que, une fois faites, elles seraient avantageuses pour leurs auteurs et pour le public. Au moment même où nous écrivons, on s'occupe de percer l'isthme de Panama; on médite de creuser sous la Manche un viaduc faisant communiquer directement par chemin de fer la France et l'Angleterre. Dans ces exemples encore, les difficultés peuvent être énormes, insurmontables, et la question de possibilité peut paraître douteuse. Ce qui ne l'est pour personne, c'est l'utilité des deux entreprises. Dans le projet du capitaine Roudaire, tout est problématique : la possibilité de l'exécution et les résultats. Je me trompe : il y a une chose certaine, c'est que la création d'une mer intérieure dans le Sahara paraît très laborieuse et très coûteuse. Mais une fois réalisée, que produirait-elle? le bien ou le mal? la désolation ou la richesse? l'infection ou la salubrité de l'air? On n'en sait rien. En vérité, il ne nous semble pas que les gouvernements ou les capitalistes de France, de Tunisie ou d'ailleurs puissent raisonnablement s'engager dans une pareille aventure. Il n'y a pas à regretter les quelques milliers de francs qu'ont coûté les explorations du capitaine Roudaire, très intéressantes au point de vue scientifique; mais il sera sage de s'en tenir là, et c'est ici le cas d'appliquer le proverbe : « Dans le doute, abstiens-toi. »

La France, au surplus, a mieux à faire aujourd'hui que de tenter la submersion d'un coin du Sahara; elle a une autre œuvre civilisatrice à accomplir, œuvre difficile, périlleuse peut-être, mais dont les résultats bienfaisants ne sont pas douteux : la construction du chemin de fer qui, coupant le désert de part en part, reliera notre colonie algérienne aux contrées encore barbares, mais fertiles et populeuses, du centre de l'Afrique.

CHAPITRE VII

LES ANIMAUX DES DÉSERTS DE SABLE

Un peintre qui veut représenter l'Océan ne manque point d'y mettre des navires. S'il peint le désert, son tableau sera divisé par une ligne horizontale en deux parties : l'une bleue, c'est le ciel ; l'autre jaune, avec des ombres légères figurant les ondulations du terrain, c'est la mer de sable ; dans le lointain, quelques bouquets de palmiers, et sur le premier plan, pour animer cette scène par trop uniforme, des chameaux. Le chameau est l'accessoire obligé de toute peinture du désert, comme le vaisseau est le complément indispensable de toute marine ; ce qui justifie une fois de plus son nom de « navire du désert », ou « navire terrestre » (*gouareb el beurr*).

Le chameau d'Arabie et d'Afrique est le dromadaire. Ce dernier est employé concurremment avec le chameau à deux bosses dans les contrées les plus occidentales de l'Asie ; en Égypte, en Nubie, il est beaucoup plus répandu que son congénère, qui est à peu près inconnu dans le reste de l'Afrique. Le dromadaire ne porte, on le sait, qu'une seule bosse. Son poil est doux, laineux, médiocrement long sur tout le corps, plus long et plus fourni sur la bosse, la tête, le cou et les épaules. Sa couleur varie du brun roux au fauve clair. Les zoologistes admettent trois variétés de cette espèce : le *dromadaire brun*, appelé aussi improprement *dromadaire du Caucase,* qui est brun comme le chameau bactrien, et dont les formes trapues accusent plus de force que d'agilité ; le *dromadaire blanc*, qui est d'une nuance très claire et de formes élancées ; et le *dromadaire d'Égypte*, plus grand que les précédents, et dont le corps et les membres sont garnis uniformément de poils gris et courts. Mais les Arabes ne reconnaissent que deux races de dromadaires : le *djemel*, chameau de travail, qui n'est autre probablement que le dromadaire du Caucase, et le *mahari*, chameau de selle et de guerre, dont le nom paraît s'appliquer également aux deux autres variétés. Le mahari est au djemel ce que le cheval de sang est à notre percheron, « ce que le *djeud* (noble), disent les Arabes, est au *kheddim* (serviteur) ». Il a le pied plus sûr, l'allure plus dégagée, plus soutenue et plus rapide ; il est plus sobre, plus patient et plus brave ; c'est le vrai coursier, le compagnon et l'ami inséparable de l'Arabe du désert. L'éducation des *mahara* (pluriel de *mahari*) est une affaire importante, et l'objet d'un art spécial. Elle prend le jeune animal à sa naissance pour le conduire jusqu'à l'âge adulte, en passant par plusieurs phases distinctes.

Si le djemel est moins noble que le mahari, il n'est pas moins utile : sans lui point de relations, point de commerce possible entre les insulaires et les riverains de la mer de sable. « Vivant ou mort, disent les Arabes, le chameau est la fortune de son maître. Vivant, il porte les tentes et les provisions ; il fait la guerre et le commerce ; pour qu'il fût patient, Dieu l'a créé sans fiel ; il ne craint la faim ni la soif, la fatigue ni la chaleur ; son poil fait nos tentes et nos burnous ; le lait de sa femelle nourrit le riche et le pauvre, engraisse les chevaux ; c'est la source qui ne tarit point.

« Mort, toute sa chair est bonne ; sa bosse est la tête de la *diffa* (le morceau le plus recherché du festin) ; sa peau fait des outres où l'eau n'est jamais bue par le vent ni le soleil, des chaussures qui peuvent sans danger marcher sur la vipère, et qui sauvent du *haffa* (brûlure) les pieds du voyageur...

« Ce qui fait la supériorité du mahari, c'est qu'à toutes les qualités qui sont de lui il réunit celles du djemel. Ce qui

fait son infériorité, c'est que son éducation difficile *mange*
plus d'un an tout le temps de son maître, et que ceux de sa
race ne sont pas nombreux [1]. »

A défaut du chameau, auxiliaire et véhicule de l'homme
sur la mer de sable, ou même comme opposition à cette figure

DROMADAIRES
1. Mahari. — 2. Djemmel.

pacifique, les artistes et les poètes placent volontiers dans le
désert des animaux d'un aspect moins rassurant : le lion, le
léopard, la panthère, en quête d'une proie, *quærens quem
devoret*, ou encore des troupes d'hyènes ou de chacals déchirant
à belles dents des cadavres d'hommes ou d'animaux. D'autres

[1] Voir les intéressants détails que donne sur l'éducation des mahara
M. le général Daumas, dans son livre *le Grand Désert*; 1 vol. in-18 de la
collection Michel Lévy.

mettent en scène la timide gazelle, aux formes gracieuses ; la
girafe, au corps difforme, au col démesuré, au pelage bigarré ;
ou l'autruche, *l'oiseau-chameau*, faisant ondoyer au vent
ses plumes, et fuyant d'un pas rapide le chasseur ou la bête
fauve qui la poursuit. Ce sont là, il faut bien le dire, des fan-

Hyènes rayées du Sahara.

taisies, des licences artistiques ou poétiques, plutôt que des
peintures exactes de ce qu'on voit au désert ; et la plupart des
animaux dont on peuple à plaisir les vastes solitudes de
l'Afrique et de l'Asie appartiennent, en réalité, aux régions
beaucoup moins arides qui les avoisinent. Et d'abord, le
« lion du désert » est un mythe, ou peu s'en faut. « Quand
on parle aux habitants du désert, dit Carrette, de ces bêtes
féroces que les Européens leur donnent pour compagnons, ils

répondent avec un imperturbable sang-froid : « Il y a donc
« chez vous des lions qui boivent de l'air et broutent des
« feuilles? Chez nous il faut aux lions de l'eau courante et
« de la chair vive. Aussi les lions ne paraissent dans le Sa-
« hara que là où il y a des collines boisées et de l'eau. Nous
« ne craignons que la vipère (*lefâ*), et d'innombrables essaims

Chacals déterrant des cadavres.

« de moustiques : ces derniers, là où il y a quelque humi-
« dité [1]. »

Ce que Carrette rapporte du lion s'applique également aux
autres carnassiers, tels que le léopard et la panthère, et
même aux hyènes et aux chacals. On conçoit sans peine, en
effet, que ces animaux préfèrent de beaucoup le séjour des
pays fertiles et bien arrosés, où ils trouvent de la fraîcheur,
des abris, de l'eau douce et une proie abondante, à celui des
plaines de sable, où ils risqueraient de mourir de faim et de

[1] *Exploration de l'Algérie*, t. II.

soif, et qui ne leur offre aucune retraite. Ce n'est donc que
par exception que les lions et les autres grands *felis* de
l'Afrique et de l'Asie s'éloignent de leurs cavernes ou de leurs
fourrés, et s'égarent dans le désert proprement dit, à la pour-

1. Gypaète de Barbarie. — 2. Vautour-arrian. — 3. Catharte percnoptère.

suite de quelque gibier. Les hyènes et les chacals s'y aventurent plus volontiers ; on sait que ces carnivores n'attaquent
qu'à la dernière extrémité les animaux vivants ; ils préfèrent
la viande morte et même corrompue : c'est une nourriture
qui leur coûte moins à conquérir, et qui, probablement aussi,
flatte davantage leur goût. Aussi n'est-il pas rare de les voir

pénétrer dans les villes et dans les q'sour, pour dévorer les
charognes, ou dans les cimetières, pour y déterrer les cadavres ; ils suivent aussi dans le désert les caravanes et les
corps d'armée en marche, et rôdent la nuit autour des cam-
pements, dans l'espoir de quelque aubaine qu'ils attendent

1. Gazelle-dorcas. — 2. Oryx-leucoryx. — 3. Gazelle de Sœmmering.
— 4. Nanguer.

rarement en vain, mais que les chiens, les vautours (*catharte
percnoptère* et *vautour-arrian*), les gypaètes et les corbeaux
manquent rarement de venir leur disputer.

La région des plateaux, ou steppe saharienne, les vallées
d'érosion, et certaines parties du Gobi, de la Perse, de la
Syrie et de l'Arabie, qui ne sont pas absolument privées de
pluie ou qu'arrosent les cours d'eau descendus des mon-

tagnes, nourrissent quelques espèces de mammifères : des gazelles, des hérissons, des porcs-épics, des lièvres, qui offrent à l'homme et aux carnassiers un gibier assez abondant et assez varié.

On rencontre assez fréquemment, dans les déserts d'Afrique et d'Arabie, de petits rongeurs qui se creusent dans le sable des terriers d'où ils ne sortent que la nuit pour chercher leur

Gerboises et Vipère cornue.

nourriture. Je veux parler des gerboises et des gerbilles. Les gerboises se reconnaissent aisément à la longueur de leurs jambes postérieures et à la disposition de leurs doigts, dont la structure a beaucoup d'analogie avec celle des jambes et des pieds des oiseaux échassiers. Ce sont des animaux sauteurs, d'une agilité extraordinaire. Leur queue, très longue et terminée par un pinceau de poils, forme à la fois, en arrière du corps, une sorte de balancier, un gouvernail et un levier. Elle sert à l'animal à se maintenir en équilibre, et à se diriger lorsqu'il est lancé ; elle contribue à lui donner une forte impulsion lorsqu'il bondit, et, à l'état de repos, elle lui fournit un appui solide. Les gerboises constituent, dans la famille des *dipodidés*, une tribu composée de plusieurs espèces répandues dans l'Europe orientale et méridionale, en Asie et en Afrique.

Les gerbilles, que la ressemblance des noms fait souvent confondre avec les gerboises, n'ont de commun avec ces dernières qu'une certaine conformité d'habitudes, et une aptitude presque égale pour le saut. Leur organisation est, du reste, à peu près celle des rats, à côté desquels les zoologistes les ont classées. Leurs jambes de derrière sont beaucoup plus courtes que celles des gerboises, et leur queue n'est garnie que de poils rares, courts et raides. Elles habitent, comme les gerboises, les contrées désertes et sablonneuses de l'Afrique, de l'Asie et de l'Europe orientale.

Ces petits animaux, exclusivement frugivores et granivores, semblent pouvoir, dans les solitudes qui leur servent de retraite, se multiplier à l'infini ; mais, outre la famine qui en fait périr un grand nombre, ils ont pour ennemis les reptiles, qui ne sont point rares au désert : notamment la terrible vipère cornue, ou *céraste*, et un grand saurien intermédiaire entre les lézards et les crocodiles, le *varan du désert*.

La vipère cornue (*vipera cerastes*) est ainsi nommée à cause des deux cornes qui surmontent son front, et lui donnent une physionomie plus hideuse encore peut-être que celle d'aucun de ses congénères. Elle atteint une longueur. de quatre-vingt-dix centimètres à un mètre. Sa tête est déprimée, très obtuse, renflée derrière les yeux, et comme tronquée en avant. Son corps, couvert d'écailles d'un jaune fauve marqué de taches brunes, se confond avec le sable, sous lequel elle se cache à demi pour surprendre sa proie ou pour échapper à ses ennemis. La vipère céraste est très commune dans les déserts de l'Arabie, dans le Sahara et dans la vallée du Nil. Sa morsure est extrêmement dangereuse.

Les varans, ou *monitors*, appelés aussi *tupinambis* par les anciens naturalistes, forment un genre représenté, dans les contrées les plus chaudes d'Afrique et du nouveau monde, par des espèces de grande taille. On les désigne quelquefois sous le nom de *sauvegarde*, qui, comme celui de *monitor*, se rapporte à un préjugé d'après lequel ces lacertiens avertiraient l'homme, par un petit sifflement, de l'approche des crocodiles. On en connaît en Afrique deux espèces : l'une aquatique, le varan du Nil (*varanus dracæna* ou *lacerta nilotica*); l'autre arénicole, le varan du désert (*varanus scincus*

1. Varan du Nil. — 2. Varan du désert.

ou *arenarius*), appelé par les Arabes *ouaran-el-ard*. L'une et l'autre atteignent une longueur d'un mètre à un mètre trente centimètres. Le varan du Nil est couvert d'écailles alternativement vertes et noires. Celui des sables est mélangé de brun et de jaune. On le rencontre assez souvent dans les déserts de l'Égypte, de la Syrie et de la Nubie; mais il est rare dans le Sahara.

Si pauvre que soit la faune du désert, on a lieu de s'étonner encore que les espèces qui la composent, surtout les espèces herbivores, puissent subsister dans ces mers de sable,

où elles trouvent à peine de loin en loin quelques plantes salines, et où l'eau douce fait presque complètement défaut. Il
est pourtant bien démontré aujourd'hui que le désert offre à
ses hôtes un aliment parfois très abondant, dont les bestiaux,
les chameaux et l'homme lui-même peuvent se nourrir. Cette
substance est un végétal cryptogame, le *lichen esculentus*
d'Acharius, ou *lecanona esculenta* de Pallas, appelé *takaout*
en Arabie, et *ousseh-el-ard* (excrément de la terre) en Algérie. Il forme quelquefois le matin sur le sable une couche
de plusieurs centimètres d'épaisseur, et paraît ainsi être tombé
du ciel, ou sorti spontanément du sol pendant la nuit. Il est
probable que ses spores, transportées par le vent, se développent à la faveur de l'humidité qui se condense grâce au
refroidissement nocturne.

Une pluie de ce lichen a été observée en 1845, en Crimée,
à Jenisbechir ; elle couvrait le sol sur une épaisseur de cinq
à six centimètres, et les habitants, suivant le docteur Lé-
veillé, s'en nourrirent pendant plusieurs jours. Il se présente
sous la forme de petits grains anfractueux, arrondis, de la
grosseur d'un pois, de couleur grisâtre, à cassure blanche et
farineuse. Sa saveur est fade, amylacée, avec un faible arome
de champignon. Bouilli dans l'eau, il se gonfle, devient géla-
tineux, et peut être accommodé de diverses façons. Dans le
Sahara, aussi bien qu'en Arabie, il n'adhère à aucun corps
étranger. Le bétail s'en montre très friand ; on assure qu'il
facilite la digestion ; ce qui est certain, c'est qu'il renferme
tous les principes assimilables qui constituent les meilleurs
aliments végétaux. « Tel qu'il existe, dit avec raison le docteur
O'Rorke, à qui l'on doit une excellente monographie de ce
curieux produit, le *lichen esculentus* est d'un prix inestimable
pour les tribus errantes des déserts, qui lui doivent de n'être
pas mortes de faim dans les années de famine, ou les diverses circonstances critiques qui accompagnent leur vie
irrégulière. »

CHAPITRE VIII

Lorsqu'on parle des hommes du désert, des populations du désert, il ne faut pas évidemment prendre ces mots dans le sens absolu. L'homme, pas plus que son collègue en royauté, le lion, ne fait volontiers son séjour de contrées où manquent l'eau pure et fraîche, la verdure et le gibier. Les peuples qu'on qualifie d'habitants du désert sont donc, en réalité, ceux qui ont leurs demeures sur ses confins ou dans ses oasis, mais que la nécessité de le parcourir et d'y séjourner fréquemment a familiarisés avec ses tristesses et ses périls, comme une nécessité semblable a familiarisé les marins avec l'Océan. On a vu cependant que des tribus de pasteurs plantent leurs tentes et conduisent leurs troupeaux dans les districts où les eaux pluviales ou souterraines entretiennent quelque végétation, et qui, à vrai dire, doivent être, par cela même, considérés plutôt comme des steppes que comme des déserts proprement dits : à telles enseignes qu'on a donné le nom de *steppe saharienne* à la région des hauts plateaux, qui s'étend au pied de la chaîne atlantique.

D'autres groupes, à la fois pasteurs et chasseurs, habitent dans le Sahara méridional et occidental des plateaux où abondent les autruches, les gazelles et les lièvres. Les tribus plus laborieuses et plus paisibles se sont fixées dans les oasis. Quant à celles qui campent et qui errent habituellement dans les déserts de sable, où toute culture est impossible, où les troupeaux ne trouvent qu'une pâture insuffisante, où le gibier se montre rarement, on conçoit qu'elles ne peuvent vivre qu'en pillant ou en rançonnant les caravanes. Ce sont les écumeurs, les pirates de ces mers aux flots poudreux. D'autres encore se livrent exclusivement au commerce, et servent d'intermédiaires entre les nations séparées par les grands déserts, pour l'échange de leurs produits respectifs. Ces gens, assurément, rempliraient ainsi une fonction utile et honorable, si la traite des esclaves n'était la plus ordinaire, et malheureusement la plus lucrative de leurs opérations.

Notons ici un fait ethnographique remarquable : c'est que toute la zone désertique est occupée par une seule famille : la famille sémitique, modifiée, dans certaines parties de l'Afrique, par son mélange avec la race nègre. On voit de même les populations de la zone des steppes, en Asie et jusqu'en Europe, se rattachant toutes plus ou moins directement à la race jaune ou mongole ; la race nègre peuplant seule les plaines de l'Afrique centrale et méridionale ; la race malayo-polynésienne et la race papoue, peu distinctes de la précédente, en possession des îles de l'océan Indien, de celles de l'Océanie et du continent australien ; la race hyperboréenne disséminée dans les solitudes arctiques ; enfin la race rouge répandue dans les prairies et les forêts des deux Amériques : si bien que, à chacune des grandes divisions du monde désert ou sauvage, correspond une des grandes fractions de l'espèce humaine.

Les Sémites, ainsi nommés parce que la Bible leur assigne pour père Sem, fils de Noé, ne sont représentés aujourd'hui que par les Juifs et les Arabes. Les Juifs seuls se sont montrés aptes à la civilisation. Les Arabes, dont le nom est dérivé du mot *arâba,* qui signifie désert, semblent, au contraire, exclusivement propres à la vie nomade, et c'est à eux que s'appliquent, comme le fait judicieusement observer M. A. Maury, les caractères attribués d'une manière trop générale par M. Renan à la race sémitique tout entière.

« Sous le rapport de la vie civile et politique, dit le savant orientaliste, la race des Sémites se distingue par le même caractère de simplicité; elle n'a jamais compris la civilisation dans le sens que nous donnons à ce mot : on ne trouve dans son sein ni grands empires organisés, ni commerce, ni esprit public, rien qui rappelle la πολιτεία des Grecs; rien aussi qui rappelle la monarchie absolue de l'Égypte et de la Perse. La véritable société sémitique est celle de la tente et de la tribu : aucune institution politique et judiciaire; l'homme libre, sans aucune autorité, et sans autre garantie que celle de la famille. Les questions d'aristocratie, de démocratie, de féodalité, que renferme toute l'histoire des peuples aryens, n'ont pas de sens pour les Sémites. L'aristocratie, n'ayant pas chez eux une origine militaire, est acceptée sans contestation et sans répugnance. La noblesse sémitique est toute patriarcale; elle ne tient pas à une conquête; elle a sa source dans le sang [1]. »

Sous le rapport physique, les Arabes sont en général de grande taille, maigres, agiles, peu robustes. Leur visage est pâle et allongé, leur front peu élevé, leur nez aquilin, leur bouche grande, leur menton fuyant, leurs yeux noirs et enfoncés dans les orbites. Ils ont la barbe et les cheveux noirs.

Entraînés par l'esprit de prosélytisme guerrier que leur souffla Mahomet, ils se sont répandus dans toute l'Afrique septentrionale. Là leur mélange avec les Berbères, les Numides et les Gétules a produit les Kabyles, les Tibbos et les Touareg, et les Sémites ont perdu une partie de leurs caractères originels.

D'autres migrations, opérées en sens inverse, ont porté des environs d'Alep dans le Béloutchistan d'autres tribus, qui, en se croisant avec les Afghans, ont donné naissance aux Béloutchis, distincts, par leur peau claire et par leurs habitudes invétérées de brigandage, des races qui les entourent.

Tous les peuples des déserts sont musulmans. Les préceptes du Coran et certains usages traditionnels sont à peu près les seules lois qu'ils connaissent. Ils ont cependant un code de l'esclavage qui, pour la minutie des détails, ferait

---

[1] A. Maury, *la Terre et l'Homme*, ch. VII.

honneur au plus habile jurisconsulte d'Europe, et que M. le général Daumas a reproduit *in extenso* à la fin de son volume sur le *Grand Désert*.

On sait que le Coran autorise la polygamie, et que les femmes, chez les Arabes, sont bien moins les épouses que les esclaves de leurs maris, qui les assujettissent à la plus stricte reclusion ou aux plus durs travaux. La tyrannie qui pèse sur les femmes est, du reste, en raison inverse du degré de bien-être et de civilisation des tribus. Chez les peuplades pauvres et tout à fait barbares du désert, ces malheureuses sont réduites à un état d'abrutissement et de dégradation qui inspire autant de dégoût que de pitié.

L'instinct de rapine qu'on a présenté comme un des traits dominants du caractère arabe paraît avoir été fort exagéré, ou du moins trop généralisé. Ce vice est surtout un résultat de leur position, de la façon très arriérée, il faut le reconnaître, dont ils entendent le droit des gens, et des préjugés hostiles que leur religion leur a inculqués à l'égard des « infidèles », c'est-à-dire de tous ceux qui ne reconnaissent pas la loi du Prophète. En thèse générale, tout infidèle est pour eux un ennemi qu'ils sont autorisés à tuer, à moins qu'ils ne trouvent plus avantageux de le rançonner, ou de le garder ou vendre comme esclave. Ils font toutefois une différence entre les infidèles qui professent une religion révélée, tels que les juifs et les chrétiens (ceux-là sont encore à leurs yeux des hommes, bien qu'ils leur lancent parfois l'épithète de « chiens »), et les idolâtres, qu'ils n'ont aucun scrupule de traiter comme les plus vils animaux. Entre eux, les Arabes se comportent tout autrement ; ils ont un grand respect pour leurs chefs et pour leurs magistrats, aux décisions desquels ils se soumettent sans murmurer ; et le vol est regardé parmi eux comme une action honteuse. On connaît la fameuse loi du talion, d'après laquelle se jugent tous les attentats commis contre les personnes, et que chacun, pour l'ordinaire, se charge d'appliquer en ce qui le concerne : « Sang pour sang, œil pour œil, dent pour dent. » La vengeance, érigée en principe par cette loi, est pour eux un devoir impérieux en même temps qu'une joie suprême ; ce n'est pas seulement une affaire personnelle, mais une obligation de famille et de tribu, qui se transmet de génération en génération, en ligne directe et indirecte, comme la *vendetta* corse. Un seul principe supérieur peut décider un Arabe à renoncer à sa vengeance : c'est l'hospitalité ; son plus cruel ennemi devient sacré pour lui s'il s'est assis dans sa tente, s'il a partagé son pain et son sel. Et les droits de l'hospitalité sont aussi inviolables à l'égard des infidèles que des fils du Prophète. Cette religion du foyer, ce respect et ce dévouement pour l'hôte, pour le fugitif, est assurément le plus beau trait des mœurs du désert. Il y a là une grandeur, une noblesse qui imposent l'admiration.

On a donné le nom de Bédouins (du mot *bedaouï*, homme du désert) aux nomades de l'Arabie, de l'Égypte et du Sahara septentrional. La plupart d'entre eux sont pasteurs ; quelques-uns ajoutent à cette industrie celle, beaucoup moins honnête, qui consiste à piller les caravanes ; il en est aussi qui préfèrent se livrer uniquement à cette dernière profession. Tous les Bédouins, au surplus, sont guerriers. Leur monture de guerre est le cheval. On a si souvent parlé de « l'Arabe et de son coursier », de l'attachement du premier pour le second, des services que celui-ci rend à son maître, de ses qualités physiques et morales, de son courage, de sa vitesse, de sa fidélité, que je ne pourrais guère que répéter sur ce sujet ce que chacun sait par cœur.

Je rappellerai seulement que les chevaux arabes se classent en deux races distinctes : les communs et les nobles. Ces derniers deviennent actuellement fort rares. On les nomme *koleïl*. Un cheval n'est noble que tout autant que sa mère l'est ; aussi un acte de naissance authentique est-il toujours délivré à l'acquéreur d'un cheval de race. Cet acte est enfermé dans un sachet contenant en outre un écrit mystérieux. On le suspend au cou de l'animal ; il doit lui porter bonheur ainsi qu'à son cavalier.

Les Bédouins ont pour armes le sabre recourbé, le yatagan, la lance, le long fusil à pierre, quelquefois les pistolets et la masse d'armes. Ils combattent à leur guise et sans aucune méthode stratégique. « Jamais ils n'attaquent la nuit, dit le

P. Laorty. Leur tactique consiste à surprendre l'ennemi par des marches rapides et des diversions inattendues, à lui dresser des embuscades, et à le harceler quand il est le plus fort. La moindre enceinte, d'ailleurs, les arrête; une murailles de briques, un simple fossé, une haie de nopals suffisent pour mettre un village à l'abri de leurs déprédations.

Bédouins pasteurs et Bédouins nomades.

Les paysans de la Syrie ont même dressé çà et là des buttes factices, en haut desquelles ils se réfugient avec leurs troupeaux quand ils voient poindre à l'horizon les armes des Bédouins. »

Les nomades du Sahara méridional n'ont point, comme les Bédouins, conservé dans sa pureté le type sémitique; mais ils ont conservé et développé l'esprit d'aventure et de rapine qui caractérise l'Arabe du désert, et ils y ont ajouté quelque chose de la férocité des populations chamitiques encore sauvages, avec lesquelles ils se sont mélangés. Ces nomades forment deux groupes principaux : les Tibbos à l'est et à l'ouest les Touareg (Humboldt écrit *Touarick*, le général

Touareg.

Daumas *Touareng*), dont le véritable nom est *Imouchag*. Les premiers, d'après Humboldt, sont appelés « oiseaux » à cause de leur agilité; ils sont encore peu connus des Européens. Les seconds se divisent en Touareg d'Aghadez et Touareg de Tagazi. Ce n'est qu'en 1862 que nos troupes, traversant le Sahara du nord au sud, sont entrés en relation directe avec ces farouches enfants du désert, sur lesquels l'attention a été surtout vivement attirée lorsque, dans cette même année, on a pu voir à Paris des ambassadeurs envoyés par eux auprès du gouvernement français. Les Touareg sont les tyrans du Sahara méridional. Le soin de leurs maigres troupeaux est la moindre de leurs occupations.

Attaque d'un q'seur.

Ils sont, en revanche, grands chasseurs; mais leur véritable industrie, c'est l'exploitation du désert : exploitation qui change de forme suivant les circonstances. Ils se chargent, moyennant une forte gratification, de guider et de protéger les caravanes; mais quiconque n'a pas acheté leur protection est traité par eux en ennemi, et pillé ou rançonné sans pitié.

Ce sont les vrais pirates des mers de sables, et les Berbères des oasis les redoutent avec raison. C'est encore, en effet, une de leurs ressources familières de prélever sur les produits des récoltes une part qui est toujours celle du lion. Un parti de Touareg, par exemple, se présente devant une oasis, et fait savoir aux habitants qu'ils aient à livrer sur-le-champ un certain nombre de sacs de dattes. En cas de refus, ils se retirent; mais les *q'souriens* peuvent se préparer à la défense : ils sont sûrs d'être attaqués avant peu. Les Touareg, laissant leurs mahari et leurs bagages à distance, pénétreront la nuit dans les jardins de dattiers, escaladeront les murs et tenteront de s'emparer à main armée de ce qu'ils n'ont pu obtenir par simple réquisition. Toutefois ils tardent rarement à lâcher pied devant une résistance énergique, estimant sans doute que la conquête de quelques sacs de dattes ne vaut pas le sacrifice de la vie.

Les Arabes des q'sour n'offrent rien de remarquable que leur état de misère et de dégradation. Un officier français, M. le commandant Trumelet, a exposé avec détail, dans un livre trop peu connu [1], la physionomie, les mœurs, le caractère, les idées et l'histoire des q'souriens du Sahara. Il est curieux de retrouver, parmi ces tribus à demi sauvages, dans ces q'sour aux rues tortueuses et infectes, où grouille autant de vermine que de population humaine, dans ces palais de boue où trônent des sultans en haillons, les mêmes passions, les mêmes ambitions, les mêmes appétits conquérants, les mêmes luttes, les mêmes intrigues et les mêmes crimes qui occupent une si large place dans l'histoire des grands États de l'Europe et l'Asie.

On peut ranger parmi les habitants du désert les possesseurs de la grande oasis égyptienne, ce foyer éteint d'une civilisation qui, après avoir brillé d'un vif éclat sous les Pharaons et sous les Ptolémées, languit depuis des siècles sous la domination turque. Notons seulement que le peuple d'Égypte ne s'est pas sensiblement modifié : les traits des fellahs

---

[1] *Les Français dans le désert, Journal d'une expédition aux limites du Sahara algérien;* 1 vol. in-18. Paris, 1863; Garnier frères, éditeurs.

actuels sont toujours ceux que retracent les images grossières
gravées sur les plus anciens monuments du pays. C'est la
vieille race égypto-berbère, où l'on reconnaît le mélange des
sangs noir et sémitique, ou peut-être le résultat encore incom-
plet des influences qui ont transformé en nègres les hommes

Femmes nubiennes.

blancs émigrés, il y a quelques milliers d'années, de l'Asie
occidentale en Afrique.

Les Égyptiens établissent visiblement la transition entre
les Sémites et les populations de la Nubie et de l'Éthiopie. Ici
la peau est noire ou fortement bronzée ; mais les formes du

corps, les traits du visage et la chevelure se rapprochent
beaucoup plus du type caucasique que du type nègre. Les
femmes nubiennes surtout ont une grâce et une dignité d'al-
lures qui décèlent la noblesse de leur origine. « C'est dans
ces contrées, dit M. Trémaux, que l'on rencontre souvent des
Rebecca modernes, drapées avec l'antique simplicité biblique, et portant la buire sur la tête. Leur air dégagé et réservé en même temps, leurs yeux noirs et modestes, rappellent ces images de l'histoire sainte que chacun a vues :
seulement, au lieu d'une étoffe vivement coloriée, imaginez
une pièce de coton bis sale et souvent déchirée, et vous aurez
le portrait de la femme nubienne ; cette étoffe est d'ailleurs si
naturellement drapée et si fièrement portée, qu'elle ne le cède
en rien aux modèles antiques. »

CHAPITRE IX

Dès qu'on a franchi en Afrique, vers le 18e degré de latitude nord, la limite méridionale du district sans pluie, des contrées douées en général d'une extrême fécondité succèdent aux solitudes que nous venons de parcourir. On rencontre encore çà et là de vastes espaces condamnés, pendant une partie de l'année, à une sécheresse mortelle; mais il vient toujours un moment où, même dans ces plaines désolées, la nature reprend ses droits, où des pluies abondantes y ramènent la végétation, et par suite la vie animale.

Dans le triangle immense dessiné par la portion du continent africain qui s'étend depuis les monts de la Lune jusqu'au cap de Bonne-Espérance, la nature a maintenu presque intacte sa sauvage indépendance; mais elle revêt les formes les plus variées, les plus opposées, depuis la montagne aux cimes glacées jusqu'aux plaines les plus basses et les plus unies, depuis la forêt impénétrable jusqu'à la steppe la plus nue et la plus inféconde.

Un vaste plateau, relativement peu élevé, occupe tout le sud de l'Afrique, en s'étendant vers l'est jusqu'au 5e ou 6e degré au nord de l'équateur. Au nord-ouest, il est borné par les montagnes de la Sénégambie; au nord-est, par celles de l'Abyssinie. A l'est et à l'ouest, les montagnes s'étalent jusqu'au rivage en chaînons secondaires diversement orientés. Au sud, le plateau descend vers la mer par une série de terrasses qui séparent entre elles les chaînes de montagnes.

A son extrémité méridionale, le continent africain a de cent dix à cent vingt myriamètres de large. Il est occupé, on le sait, par la colonie anglaise du Cap, que borne au nord la rivière Orange. Les traits les plus frappants de la géographie physique de cette partie de l'Afrique, et qui en déterminent principalement le climat et les productions naturelles, ce sont trois chaînes de montagnes disposées parallèlement l'une à l'autre et à la côte méridionale. La distance de la première chaîne, ou chaîne côtière, à la seconde, en marchant du sud au nord, varie de trois à neuf myriamètres; elle va s'élargissant vers l'ouest. La seconde chaîne ou celle des montagnes Noires, plus élevée que la précédente, est aussi plus épaisse, et pourrait, à la rigueur, être regardée comme composée de de deux ou trois chaînes juxtaposées. Au delà, à un intervalle d'environ seize myriamètres, s'élèvent les montagnes Neigeuses, les plus hautes de l'Afrique méridionale.

La plaine en terrasse comprise entre les montagnes Noires et les montagnes Neigeuses est beaucoup plus élevée que les deux autres gradins par lesquels on y arrive du sud. La terrasse inférieure qui borde la mer est arrosée et fertile. La seconde terrasse, ou terrasse moyenne, se compose de terrains riches également bien arrosés, mais entrecoupés de vastes déserts arides, appelés Karoos. La troisième terrasse, désignée sous le nom de Grand-Karoo, a quarante-huit myriamètres de long sur près de seize de large. Son sol dur et impénétrable, dit un intéressant article de la *Quaterly Review*, ne présente dans toute son étendue, pendant la plus grande portion de l'année, presque aucune trace de végétation. Ces tristes solitudes revêtent un caractère de grandeur pittoresque, en raison de leur nudité sauvage. Durant de longs mois, les plus petits oiseaux ne pourraient trouver de quoi soutenir leur existence dans ces mornes déserts, dont rien, pas même le bourdonnement d'un insecte, ne vient interrompre le solennel silence. Cependant ces régions privées de sources et d'eaux courantes ne sont pas toujours des déserts stériles, des plaines désolées. « Dans la saison sèche, le sol, formé d'une argile jaune ferrugineuse, acquiert, comme si on l'exposait au feu d'un fóurneau, la dureté de la brique ; mais les racines et les bulbes, protégées par une enveloppe ligneuse, résistent à la chaleur dévorante. Elles sont ravivées par les premières pluies ; leurs rejetons, qui poussent avec une surprenante rapidité, se couvrent de fleurs, et la contrée qui, un jour ou deux auparavant, ne présentait au regard qu'un désert brûlant et nu, se trouve, comme par enchantement, transformée tout à coup en un paradis terrestre. » Celte période de brillante verdure toutefois n'a qu'un mois de durée. On en profite pour amener, de distances considérables, des troupeaux dans ces gras pâturages, et, dès que le sol a repris sa dureté, hommes et animaux regagnent leurs lointaines demeures.

Dans plusieurs régions, au nord de la colonie du Cap, il se passe parfois des années entières sans qu'on voie le moindre filet d'eau courante. Le docteur Livingstone, établi chez les Bakouans, dans le pays des Béchuanas, vit les naturels creuser le lit du Kolobeng pour en extraire quelques gouttes d'eau. Un thermomètre centigrade enfoncé en terre de sept centimètres, à midi, marquait 56°. Des insectes placés à la surface du sol mouraient en quelques secondes.

A Natal, la côte est couverte d'herbe et d'arbres. Le Zambèze et d'autres fleuves, qui descendent du plateau central, rafraîchissent les plaines du Mozambique et du Zanzibar. Mais à partir du 4ᵉ degré de latitude nord jusqu'au cap Guardafui c'est un désert à peu près continu. L'extrémité méridionale de la chaîne des monts Lupata présente aussi une vaste contrée nue, où la présence de l'or a encouragé les Portugais à fonder quelques établissements.

La zone voisine de la Cafrerie est très peu montagneuse ; elle renferme de grandes plaines, légèrement ondulées et d'une extrême sécheresse. La partie ouest est encore moins accidentée que le centre ; elle n'offre d'ondulations que dans le voisinage de l'Océan. Là se trouve l'immense territoire plat connu sous le nom de désert de Kalahary, dont l'extrémité méridionale est traversée par la rivière Orange, laquelle le draine plutôt qu'elle ne l'arrose. Le Kalahary remonte au nord jusqu'au lac Ngami, couvrant ainsi l'espace compris entre le 29ᵉ et le 30ᵉ degré de latitude sud. Le pays pastoral de Namaqua et de Damaras le borne à l'ouest. Il s'étend à l'est jusqu'au 24ᵉ degré de longitude ouest.

L'humidité ne manque pas partout à cette vaste région. Le Kalahary ne porte le nom de désert, remarque Livingstone, que parce qu'il n'a pas d'eaux courantes, et que l'eau de source y est fort rare. Il nourrit néanmoins une végétation abondante et de nombreux habitants. « L'herbe y couvre le sol, qui produit une grande variété de plantes, et l'on y rencontre de vastes fourrés, non seulement d'arbustes et de broussailles, mais de grands arbres. C'est une plaine immense remarquablement unie, coupée en différents endroits par les lits desséchés d'anciennes rivières, et parcourue dans tous les sens par de prodigieux troupeaux de certains genres d'antilopes, dont l'organisme exige peu ou point d'eau. Le sol est composé, en général, d'un sable doux, légèrement coloré, c'est-à-dire de cilice presque pure. On trouve dans les anciens lits des rivières desséchées beaucoup de terrains d'alluvion qui, durcis par le soleil, forment de grands réservoirs où l'eau de pluie se conserve pendant plusieurs mois de l'année. La quantité d'herbe qui pousse dans cette région est remarquable. Elle croît ordinairement par touffes épaisses, entremêlées d'espaces où la terre est nue ou bien occupée par des plantes à tiges rampantes. Ces plantes, profondément enracinées dans le sol, ressentent peu les effets de la chaleur, qui est excessive; la plupart d'entre elles ont des racines tuberculeuses, et sont organisées de manière à fournir à la fois un aliment et un liquide pendant les longues sécheresses, époque où l'on chercherait vainement ailleurs quelque chose qui pût apaiser la faim ou la soif. »

La richesse de végétation du Kalahary peut s'expliquer par sa constitution géologique. C'est une grande vallée, ou plutôt un vaste bassin, dont le fond est formé d'un terrain diluvien, et qui est bordée d'une ceinture de rochers rompue en maint endroit. Il s'ensuit que là où la pluie est abondante le versant des collines la dirige vers le centre du bassin, et cette pluie s'infiltre et se dépose sur la surface du sol. Ce qui semblerait le prouver encore, ce sont les citernes qu'on obtient en creusant dans le sable et où l'eau arrive par des conduits souterrains. Il ne serait pas impossible non plus que le réseau fluvial du Nord, avec ses crues annuelles, étendît son influence sur le Kalahary.

1. Aloe verrucosa. — 2. Aloe soccotrina. — 3. Aloe ciliaris. — 4. Aloe arborescens.
5. Aloe plicatilis. — 6. Gladiolus blandus.

Ce prétendu désert n'est d'ailleurs pas sans avoir son côté utile : non seulement il nourrit d'innombrables multitudes d'animaux de toute espèce, mais encore « il est devenu l'asile de mainte tribu fugitive : les Bakalaharis d'abord y ont trouvé un refuge, puis à leur tour d'autres peuplades de Béchuanas, dont les terres avaient été envahies par les Cafres ».

Le Kalahary a ses effets de mirage et son siroco particulier. Pendant l'extrême sécheresse qui précède la saison des pluies, un vent brûlant traverse ce désert du nord au sud, et, pendant ses trois à quatre jours de durée, il flétrit et dessèche tout sur son passage. « Il est tellement chargé d'électricité, qu'un faisceau de plumes d'autruche qui y reste exposé quelques secondes se charge lui-même, comme s'il était en contact avec une puissante machine électrique, et produit une vive commotion accompagnée de craquements quand on y passe la main. Toutes les fois que ce vent règne, l'électricité de l'atmosphère est si abondante, que tous les mouvements des indigènes font dégager des étincelles de leurs karosses, ou manteaux de peaux de bêtes. » (Livingstone.)

La stérilité du Kalahary et celle des autres déserts de l'Afrique tropicale ou équatoriale ne sont qu'intermittentes. Chaque année les pluies de l'hivernage rendent au sol de ces plaines la fécondité. Il faut donc s'attendre à y trouver alors une végétation beaucoup plus abondante et une flore moins pauvre que dans le « district sans pluie ». Les espèces qui y dominent appartiennent à cette famille des graminées, si tenaces dans leur vitalité, qui, desséchées par le soleil, brûlées par le feu, renaissent de leurs cendres, se développent et se multiplient avec une incroyable énergie, et en quelques semaines recouvrent de hautes herbes les vastes espaces où toute vie semblait à jamais anéantie. On remarque, parmi les graminées propres à ces déserts, des *panicum*, des *sestaria*, le *sorgho* à sucre, etc. D'après Rudolph, toute la plaine du Kordofan qui s'étend à l'ouest du Nil Blanc, sur soixante kilomètres de longueur et quarante kilomètres de largeur, est entrecoupée de petits bois d'arbustes appartenant à la famille des légumineuses, notamment de *mimosa* au feuillage élégamment découpé, aux fleurs légères, sphériques, roses ou blanches : le désert est d'une aridité extrême; c'est à peine si les graminées elles-mêmes résistent à la sécheresse qui y règne presque constamment. Parmi les plantes qui croissent dans les parties même les plus arides des déserts torrides de l'intérieur de l'Afrique, il faut signaler des ficoïdes, telles que la ficoïde infléchie (*mesembryanthemum inflexum*), — la ficoïde comestible (*mesemb. edula*), la ficoïde tubéreuse (*mesembr. tuberosum*) : — ces deux dernières recherchées par les animaux herbivores, et aussi par les nègres, qui mangent les fruits de la première et les racines de la seconde ; le *stapelia hirsuta* et plusieurs autres espèces de ce genre aux fleurs fétides, vireuses et singulièrement conformées ; des euphorbes (*euph. neriifolia* et *grandidens*); plusieurs espèces d'aloès (*aloe verrucosa, plicatilis, ciliaris, arborescens*), et l'aloès succotrin, qui tient encore une place importante dans notre pharmacopée. On rencontre même dans les étangs et dans les cours d'eau quelques plantes aquatiques, telles que les glaïeuls, et particulièrement le *gladiolus blandus*.

Dans le Kalahary même, d'après Livingstone, la végétation est abondante et variée, — pendant la saison pluvieuse, s'entend. — Cette plaine immense nourrit une quantité prodigieuse de plantes herbacées, généralement de très petite taille, au-dessus desquelles s'élèvent de distance en distance des fourrés d'arbustes buissonneux. Les herbes qui résistent aux sécheresses prolongées de ces lieux arides sont des espèces à racines tubéreuses, rampantes ou fusiformes, et profondément enterrées. Livingstone y a rencontré une grande quantité de pastèques et une autre cucurbitacée, probablement une sorte de concombre, dont les fruits se colorent en rouge à la maturité, et dont la chair, comme celle des pastèques, est tantôt douce, tantôt amère. Dans ces solitudes désolées, les rivières et les fleuves se dessèchent pendant une grande partie de l'année, et le sol de leur lit, généralement noir et brumeux, se couvre d'une végétation abondante composée en grande partie de graminées, de joncées, etc.

Là où les plantes abondent et où l'eau ne manque pas, on assure que les diverses classes du règne animal, mammifères, oiseaux, reptiles, insectes, sont largement représentées. Cela est surtout vrai dans les contrées chaudes, où la vie sous toutes ses formes s'épanouit librement dans sa variété et sa fécondité. Aussi est-ce dans les vastes plaines herbeuses et dans les forêts des régions équinoxiales, sur les immenses continents où la nature vierge n'a pas encore senti ou n'a éprouvé que partiellement le pouvoir destructeur de l'homme, qu'il faut chercher la véritable faune du désert. Cette faune offre surtout dans l'Afrique tropicale un caractère frappant de puissance et presque de majesté. Elle comprend les animaux les plus grands et les plus forts de la création terrestre : parmi les pachydermes, l'éléphant, le rhinocéros, le phacochère ; parmi les ruminants, la girafe, le buffle, et plusieurs espèces d'antilopes, dont quelques-unes atteignent la taille d'un cheval ; parmi les solipèdes, le zèbre, le daw, le couagga ; parmi les carnassiers, le lion, le léopard, la panthère, l'hyène ; parmi les reptiles, l'énorme serpent python, la terrible échidné, au venin mortel, de gigantesques crocodiles ; parmi les oiseaux, l'autruche, la grue aux formes élégantes et au riche plumage, connue sous le nom de demoiselle de Numidie. Je passe d'autres animaux de moindre taille, ainsi que les légions d'insectes qui forment à eux seuls tout un monde, où les espèces se comptent par milliers.

Pendant le jour, les plaines découvertes sont silencieuses et solitaires. C'est l'heure où la plupart des animaux cherchent sous le feuillage des arbres, sous les hautes herbes, plusieurs même sous la terre ou au sein des eaux, un abri contre les ardeurs du soleil, et reposent immobiles dans leurs gîtes. Mais lorsque l'astre brûlant s'incline vers l'horizon, tout se réveille et se ranime. Des besoins plus impérieux succèdent à celui du sommeil et de la fraîcheur : la faim et la soif aiguillonnent les plus indolents. Alors le reptile s'agite dans la vase où il s'était engourdi ; les herbivores prennent possession de leurs pâturages, et affluent vers les rivières et les étangs qui leur servent d'abreuvoirs ; les carnassiers prennent le même chemin : ils savent qu'ils trouveront en rase campagne des proies à dévorer et de l'eau pour se désaltérer. Le désert s'emplit de bruits vagues et de voix étranges ; l'air retentit de mille cris discordants que répercutent les rochers et les montagnes ; des ombres noires passent, repassent et bondissent en tout sens ; l'effroi, la colère, la douleur, la convoitise, tous les instincts ont leur expression dans ce concert formidable : c'est l'orgie des appétits, le grand sabbat de la nature, qui se ralentit vers le milieu de la nuit, jusqu'à ce que, au lever du soleil, les accents vifs et les ébats joyeux des oiseaux et des autres animaux diurnes succèdent aux plaintes et aux appels sinistres des rôdeurs de nuit.

Une nuit dans les plaines de l'Afrique intérieure.

CHAPITRE X

Le désert apparaît, dans l'Amérique septentrionale, par la latitude de 40° à 35° nord, sous une forme plus semblable à celle des mers de sable de l'Afrique et de l'Arabie : celle de *llanos* et de *pampas*. Ces deux mots sont à peu près synonymes. Ils désignent de vastes espaces plats, inondés et fertiles pendant la saison des pluies, mais où les rayons ardents du soleil ne laissent plus, pendant la saison chaude, aucune trace apparente de végétation. Entre les Alpes Californiennes et le Rio-Colorado se trouve une grande plaine sablonneuse, entièrement déserte, qui s'étend sur la partie nord de la Sonora. Un peu plus à l'est s'étend le Llano-Estacado, qui se confond avec le désert américain. Mais les pampas et les llanos les plus considérables sont situés dans l'Amérique méridionale. Les plus arides et les plus désolées de ces plaines, celles qui rappellent le mieux les déserts sans pluie de l'ancien monde, sont la pampa d'Atacama, qui s'étend entre les Andes et le grand Océan, depuis Taracapa, au nord, jusqu'aux environs de Copiapo, au sud; celle de Sechura, qui occupe une grande partie de la côte du département péruvien de Truxillo, et celle de Pernambuco, qui forme la majeure partie du plateau nord-est du Brésil.

Ces déserts ne méritent pas moins que ceux de l'Afrique et de l'Arabie le nom de « pays de la peur ». Leur surface est unie comme la mer calme, bornée seulement par la ligne circulaire de l'horizon; le regard y embrasse souvent des espaces de quarante kilomètres carrés, sans qu'un seul bouquet d'arbres vienne profiler sa silhouette sur le ciel, sans que le moindre accident de terrain vienne plisser cet immense tapis. Partout le néant, le silence, l'abandon et la mort. Plus d'un qui s'engage dans ces solitudes n'en doit jamais sortir. La fatigue, la faim, la soif déciment les caravanes qui entreprennent de les traverser, et là aussi les routes n'ont pour jalons que des squelettes d'animaux dont les vautours ont dévoré les chairs, et que des mains inconnues ont alignés avec une symétrie bizarre et funèbre.

Cependant, depuis la découverte de l'Amérique, certaines portions des llanos sont devenues habitables. Des villes se sont élevées çà et là au bord des rivières qui les traversent. Ces centres de population sont reliés entre eux par des huttes de roseaux, couvertes de peaux de bœufs, et situées à une journée de marche à peu près les unes des autres. Ces huttes sont les habitations des *llaneros*, à la surveillance desquels sont confiés les innombrables troupeaux de bœufs, de chevaux et de mulets qui errent dans les pâturages de la steppe.

Ces habitants des llanos présentent des caractères non moins originaux que ceux de leurs plaines. Les *hatos*, où se groupent les llaneros, sont séparés les uns des autres par de longues distances; mais la véritable habitation du llanero, cavalier intrépide, c'est sa selle. Solidement campé sur sa rapide monture, il parcourt la plaine où nul chemin n'est tracé, et, combinant les deux extrêmes de la solitude et de l'activité, il borne son existence à demi sauvage à la garde ou à la possession de ses troupeaux de chevaux ou de bestiaux. Aussi, né dans le llano comme ses pères, les descendants des premiers colons espagnols, il n'a nulle idée d'un pays autre que ses pâturages, d'une vie autre que sa vie pastorale. Vêtu d'un pittoresque costume, moitié espagnol, moitié indien, le *machete* (coutelas) passé dans sa ceinture de cuir, le *puncho* (couverture bigarrée) sur l'épaule, le redoutable *lazo* attaché à l'arçon de sa selle, armé de la lourde lance qui lui sert à chasser ses troupeaux devant lui, et au besoin à prendre part à quelque combat de partisans, le llanero, insoucieux de l'avenir autant que du passé, aguerri à tous les périls comme habitué aux plus dures privations, savoure avec ivresse l'âcre bonheur de sa sauvage liberté.

Les llanos de Venezuela occupent un espace superficiel évalué, d'après Humboldt, à quarante-quatre mille lieues, des montagnes de Caracas aux forêts de la Guyane, et des montagnes de Merida à l'embouchure de l'Orénoque, le long du bas Orénoque, du Guaviare et de la Meta. Ces llanos, sillonnés en maint endroit de nombreuses rivières, souffrent plutôt de l'excès que du manque d'eau. L'Orénoque y promène majestueusement son cours du sud au nord et de l'ouest à l'est, et les innombrables tributaires de ce grand fleuve, grossis par les pluies torrentielles de l'hivernage, inondent presque périodiquement le pays, qu'ils transforment en d'immenses marécages.

Lorsque, après une longue sécheresse, arrive la saison des pluies, l'azur profond du ciel, sur lequel ne se détachait aucun nuage, pâlit et se voile de vapeurs qui affaiblissent l'éclat des étoiles. Vers le sud, l'horizon se charge de brouillards qui se condensent en nuées épaisses. Le grondement lointain du tonnerre et les rafales de vent qui passent sur la plaine de moment en moment, annoncent l'approche des pluies qui vont réparer la terre. Bientôt, en effet, les nuages couvrent tout le ciel, et des torrents d'eau s'échappent de leurs flancs. C'est d'abord comme une fête pour la nature longtemps altérée, et qui renaît sous l'influence de ces pluies abondantes. Mais peu à peu les rivières grossissent et débordent, les plaines sont submergées, et les animaux qui naguère languissaient épuisés de soif sur un terrain poudreux et desséché sont contraints de vivre en amphibies.

« Une partie de la steppe, dit Humboldt, a l'apparence d'une mer sans bornes [1]. Les juments se retirent avec leurs

___

[1] *Tableau de la nature,* tome Ier : *Des steppes et des déserts.* « Nulle part, dit encore l'illustre écrivain, les inondations ne sont plus fréquentes

poulains sur les bancs élevés qui sortent comme des îles de la surface des eaux. L'espace demeuré sec se resserre de jour en jour. La terre et les pâturages manquent aux animaux. Pressés les uns contre les autres, ils nagent des heures entières, et se nourrissent misérablement avec les panicules fleuries des graminées qui s'élèvent au-dessus des eaux fermentées et noirâtres. Beaucoup de jeunes chevaux se noient; beaucoup sont surpris par les crocodiles, qui leur brisent les os avec leur queue dentelée et les dévorent. Il n'est pas rare de voir des chevaux et des bœufs qui, échappés à l'avidité sanguinaire de ces gigantesques lézards, portent encore sur les cuisses la trace de leurs dents aiguës. »

Vienne la saison sèche, les eaux s'évaporent rapidement sous l'action de la chaleur torride ; les flaques d'eau disparaissent. Le boa et le crocodile, profondément enterrés dans la glaise humide, y demeurent immobiles et endormis, comme les animaux du Nord engourdis par le froid dans leurs terriers. « Partout l'aridité présage la mort ; et cependant, au milieu des tourments de la soif, les rayons réfractés du soleil présentent de toutes parts au voyageur l'image trompeuse d'une mer agitée. Un étroit courant d'air sépare du sol les buissons de palmiers qui apparaissent au loin. Mis en contact avec des couches de température, et par conséquent de densité inégales, ils semblent suspendus par un effet d'optique. Enveloppés d'un épais nuage de poussière, tourmentés par la faim et par une soif dévorante, les chevaux et les bœufs errent de tous côtés : les bœufs, en poussant de sourds mugissements ; les chevaux, le cou tendu contre le vent et aspirant avec force, afin de reconnaître à l'humidité de l'air la présence d'une flaque d'eau qui ne soit pas encore entièrement évaporée.

« Doué d'un instinct plus sûr, le mulet cherche un autre moyen d'apaiser sa soif : une plante de forme globuleuse, et divisée à sa surface en un grand nombre de côtes, le *melo-*

---

que dans le réseau fluvial formé par l'Apure, l'Arachuna, le Pajara, l'Arauca et le Cabuliare. De grandes embarcations naviguent à travers la steppe sur une étendue de dix-huit à vingt lieues. »

cactus, renferme une moelle très aqueuse sous son enveloppe hérissée. Le mulet, après avoir pris la précaution d'écarter les épines avec ses pieds, se hasarde à approcher ses lèvres et à boire la moelle rafraîchissante. Mais il ne puise pas toujours impunément à cette source végétale ; souvent on voit des mulets blessés au sabot par les épines de cactus.

« Quand à la chaleur brûlante du jour succède la fraîcheur de la nuit, toujours égale au jour dans ces contrées, le moment du repos n'est pas encore venu pour les chevaux et les bœufs. Pendant leur sommeil, des chauves-souris monstrueuses leur sucent le sang comme des vampires, ou s'attachent à leur dos et y font des plaies purulentes, dans lesquelles viennent s'établir des mosquitos, des hippobosques, et tout un essaim d'insectes armés d'aiguillons. Telle est la misérable vie que mènent les animaux dans la steppe, quand l'ardeur du soleil a tari l'eau à la surface de la terre. »

Les pampas de Pernambuco et de Buenos-Ayres ont trois fois la superficie des llanos de Venezuela. Leur étendue est telle, que, bornées au nord par des forêts de palmiers, elles sont, vers leur extrémité méridionale, couvertes de neige pendant la plus grande partie de l'année, comme les steppes du nord de la Tartarie. Suivant la division des climats adoptée communément, ces régions appartiennent à la zone tempérée ; mais, en fait, elles comprennent toutes les variétés de climats. Leur caractère n'est ni moins grandiose ni moins original que celui des llanos qui les précèdent. Les pampas, dit une revue américaine, surpassent en majesté toutes les merveilles du nouveau continent, et cependant elles surprennent par l'air d'abandon et de tristesse dont elles sont empreintes, surtout dans la contrée basse qu'arrose la Plata. Les traces de la vie y sont rares ; plus rares encore les objets qui attirent l'attention. Ici, au fond d'une crevasse, le cactus cache sa tête hérissée d'épines ; là un arbre solitaire s'élève majestueusement vers le ciel. Parfois sur la plaine l'œil découvre le squelette monstrueux d'un animal qui vivait au temps où les Andes dormaient dans les profondeurs de l'Océan, et ne songeaient pas à confondre avec les nues leurs sommets chargés de neige. Les pampas servent de sépulture à des races d'hommes gigantesques, inconnues aujourd'hui, qui semblent sortir de leurs tombeaux pour attester l'existence des générations disparues, et rendre témoignage au Créateur de toutes choses. Vous apercevez au-dessus de votre tête, bien haut dans le bleu du ciel, un point noir; c'est un condor qui décrit lentement ses cercles sinistres. Au loin passe et disparaît une autruche aux formes grêles, à la course rapide. Le charme inexprimable de ces solitudes, c'est la liberté dont on y jouit. En les traversant, le voyageur comprend l'amour qu'elles inspirent à l'Indien, qui espère rencontrer au delà de ce monde des horizons encore plus vastes pour ses courses errantes. »

A l'extrémité méridionale de l'Amérique du Sud est une plaine stérile semée de cailloux et de blocs de porphyre : c'est la Patagonie. A mesure qu'on remonte vers le nord, le sol s'élève de terrasses en terrasses, et atteint le pied de la Cordillère. Dans la partie septentrionale, les cailloux font place à des prairies où les Patagons nourrissent de nombreux troupeaux de chevaux et de bœufs. L'eau manque à ce pays. Les pluies y sont rares, et les périodes de sécheresse très prolongées. En été, la chaleur est écrasante; en hiver, des vents violents balayent la savane, qui la nuit se couvre de glaçons. Sous de pareilles influences climatériques, le sol ne produit qu'une herbe sèche et grossière. Dans l'intérieur, on rencontre quelques hêtres et des cactus, puis de vastes marécages embarrassés de joncs et de roseaux. Au printemps, la terre se couvre de trèfle; mais cette verdure disparaît bien vite au premier souffle des vents d'été.

Au bord du Rio-Negro, les pampas buenos-ayriennes s'étendent des rivages de l'Atlantique au pied des Andes; une partie considérable de cet immense espace est envahie par des marais d'eau salée : phénomène d'autant plus singulier, que le sel n'existe qu'à la surface de la terre, et que tous les puits creusés artificiellement donnent de l'eau douce. Pendant les pluies, les basses terres sont inondées; mais dès que le soleil a séché la plaine, celle-ci se couvre de riches pâturages, tandis que sur les plateaux élevés tout se dessèche et dépérit. Là aussi la sécheresse se maintient souvent avec une persistance désastreuse. De 1827 à 1830, rapporte M. Darwin, il n'y tomba pas une goutte d'eau; toute trace de végétation disparut; les rivières tarirent, et les troupeaux moururent en nombre incalculable; dans la seule province de Buenos-Ayres, la perte fut évaluée à plus d'un million de têtes de bétail.

Au nord du Rio-Salado, aux approches des Andes, le pays prend un aspect de désolation implacable; pas un souffle ne vient agiter les couches inférieures de l'air. Les cours d'eau qui descendent des montagnes se perdent dans les sables; des marais de sel, d'où s'éloignent même les oiseaux, alternent seuls avec un sol partout crevassé. La partie des pampas qui s'étend au nord jusqu'au pied des Andes se compose d'un sol de sable, non imprégné de sel, et complètement improductif. Ces solitudes sont cependant sillonnées de cours d'eau; mais aucun ne communique avec la mer. Ils descendent des Andes, traversent les pampas de l'est à l'ouest, et se jettent dans les lacs salés. Un peu plus haut, en remontant vers l'équateur, est la région peu connue des salines : région de tristesses infinies, où pas un arbre, pas un buisson, pas une touffe d'herbe ne vient consoler le regard. Il se passe parfois dix-huit mois sans qu'il y tombe une goutte de pluie, et quand elle arrive enfin, elle fond les blocs de sel, et fait de la plaine un étang de boue saumâtre. Dès que le soleil a absorbé l'excédent d'humidité du sol, les cristaux de sel apparaissent à la surface, et font de ce désert un immense miroir.

Aux confins nord-ouest de la Plata s'étend un désert d'une autre nature : c'est le *Despoblado*, la terre inhabitée, plateau des Andes, élevé de près de 4,000 mètres au-dessus du niveau de la mer. Ce désert est partagé en deux portions par une vallée profonde, bordée de rocs aigus, et par laquelle passe la seule route qui conduise de la Bolivie à Buenos-Ayres. L'hiver y est épouvantable, et les ouragans s'y déchaînent avec furie. Au milieu de cette vaste contrée, remarque le *Putnam Magazine*, le voyageur rencontre avec étonnement de misérables huttes, où habitent les infortunés descendants des anciens Péruviens. Ils ne connaissent ni l'agriculture

Pampas dans l'Amérique méridionale.

ni l'élève du bétail ; toutes leurs richesses consistent en quelques lamas. La chasse de l'alpaca, du guanaco, du chinchilla, est leur occupation de prédilection. Quelques-uns d'entre eux se livrent au lavage de l'or; d'autres ramassent le sel et vont le vendre dans les villes les plus voisines. Pleins encore des souvenirs de leurs ancêtres, ils préfèrent la misère au fond de leurs solitudes à l'abondance sous des maîtres étrangers.

Le plus imposant spectacle que présentent les déserts de l'Amérique méridionale est celui des ouragans qui les bouleversent. « Le *pampero* est aux pampas ce que le simoun est au Sahara, dit le recueil américain que je viens de citer. Il s'annonce par des signes précurseurs infaillibles pour l'œil exercé de l'indigène. Tout d'abord l'air semble immobile, et un silence solennel plane sur la solitude. Un nuage blanc comme la neige et aussi léger qu'elle apparaît dans le sud-ouest. Il avance, et chaque pas en grandit les proportions. Les nuées s'amoncellent, la poussière s'élève et se précipite en épaisses colonnes suspendues entre le ciel et la terre. Les nuages s'abaissent de plus en plus sur la plaine, et l'enveloppent comme un manteau funèbre dont les tourbillons écartent et agitent incessamment les plis, et que les éclairs lacèrent et hachent en mille formes diverses. Des bouffées suffocantes d'un vent embrasé traversent l'espace. Soudain la tempête descend furieuse du sommet des Andes, et balaye la savane avec une violence irrésistible. Des masses énormes de sable, soulevées par la rafale, dérobent la clarté du jour ; en plein midi d'épaisses ténèbres couvrent la terre. Le tonnerre mêle ses mugissements aux voix formidables de la tempête. Tout ce qui vit, tout ce qui respire est à la merci des éléments déchaînés. Des milliers d'animaux périssent dans la savane, et, prosterné la face contre terre, l'homme attend avec stupeur la fin du cataclysme. »

Les chevaux et le bétail d'Europe ont remplacé, dans les pampas de l'Amérique du Sud, les innombrables troupeaux de guanacos et de lamas qui les couvraient au moment de la conquête. Les premiers colons espagnols se sont répandus sur toute la plaine ; et dans les *gauchos*, leurs descendants,

semble s'être renouvelé le vieux sang arabe, si largement
mêlé, pendant de longs siècles, à celui des races indigènes
de la mère patrie.

Comme son frère le llanero de Venezuela, le gaucho des
pampas réalise pour nous l'idée du centaure antique ; et du
haut de sa selle, où pend roulé son inséparable *lazo*, il promène sur ces plaines, dont il est le maître, des regards em-
preints du sentiment profond de son indépendance. C'est dans
la race énergique et vigoureuse des *llaneros* et des *gauchos*
que se sont recrutés le plus grand nombre de ces hardis
partisans qui ont, dans les premières années de notre siècle,
arraché au joug de l'Espagne ses grandes colonies du nouveau monde.

Les plaines de l'Amérique tropicale présentent au point de
vue météorologique des caractères analogues à ceux qu'on
observe au centre de l'Afrique ; elles subissent les mêmes
alternatives de sécheresse excessive et d'inondation qui en
font tour à tour des déserts non moins inhospitaliers que les
mers de sable de l'ancien monde et des prairies marécageuses
couvertes d'une plantureuse végétation. Ici comme dans le
Kalahary et dans les Karoos de l'Afrique, ce sont les plantes
herbacées et principalement graminées qui dominent.

Les déserts compris entre Bogota et Rio-Meta sont couverts
en général de graminées à souches cespiteuses et rampantes,
et presque toujours à chaumes très élevés, surtout dans les
endroits un peu frais. L'herbe est tellement abondante, que
le voyageur qui veut pénétrer dans ces immenses pâturages
éprouve des difficultés presque insurmontables. Il est, pour
ainsi dire, caché, même lorsqu'il est à cheval, par les graminées, qui souvent atteignent un mètre cinquante centimètres à deux mètres de hauteur. La rusticité de ces graminées est telle, qu'après avoir été brûlées par un de ces
incendies épouvantables si fréquents dans ces contrées, elles
repoussent avec vigueur ; si les plantes n'avaient point encore
fleuri avant le passage du fléau destructeur, elles le font
après, et alors que leurs feuilles ont été entièrement détruites.
Les plateaux élevés de Bogota et de Tukerres, dans la Nou-
velle-Grenade, présentent des pâturages très fertiles. Parfumé

par quelques labiées, et notamment par le *micromera browniana,* qui croît parmi les graminées, le fourrage est fort estimé.

Les plaines sablonneuses et stériles du Pérou, sous l'in-

1. Antephora élégant (*ant. elegans*). — 2. Panic de Cayenne (*panicum cajennense*).
3. Anthistiria cilié (*anth. ciliata*). — 4. Aristida capillacée (*ar. capillacea*).
5. Souchet articulé (*cyperus articulatus*).

fluence des nombreux cours d'eau qui les sillonnent, deviennent très plantureuses dans la saison des pluies. Avec les graminées et les joncées, qui sont communes dans ces steppes, on y remarque différentes liliacées, et notamment plusieurs sortes de lis. La région supérieure du versant oriental de la

Cordillère du Pérou, situé entre 3,000 et 4,000 mètres d'altitude, forme un immense plateau ondulé qu'arrose le cours supérieur du Maragnon. Partout, sur une étendue considérable, ce ne sont que des plaines couvertes d'une végétation chétive, alternant avec des marais étendus, des lacs et des

1. Victoria regia. — 2. Raphia tædigera. — 3. Scyndapsus fragrans.

ruisseaux. Parmi les plantes qui peuplent ces plaines, il en est une que M. L. Rudolph cite surtout : c'est une graminée, le *stipa itchu*, et avec elle des espèces alpines, des composées, des légumineuses, et une cypéracée, le souchet articulé (*cyperus articulatus*).

Les plaines riches en bétail de l'Orénoque inférieur, du Rio-Apure et du Meta sont, dans toute la force du terme, dit

Humboldt, des prairies où, indépendamment des gazons ou demi-gazons, croissent encore beaucoup d'autres formes : *paspalum, kyllingia, panicum, antephora, aristida, vilfa* et *anthistiria.* Par-ci par-là se mêle au gazon une dicotylédone herbacée, une mimosée de petite taille (*mimosa intermedia* et *dormiens*), que broutent avec tant de plaisir les bêtes à cornes et les chevaux sauvages.

Les plaines du Rio-Negro et de l'Amazone sont la patrie de la plante aquatique la plus remarquable qu'on connaisse, du *Victoria regia*, dont les feuilles circulaires, qui nagent à la surface des eaux, dépassent un mètre de diamètre, et dont les fleurs, blanches et satinées le premier jour de leur épanouissement, prennent une teinte carnée le deuxième, puis rose le troisième. Ces fleurs sont formées de plus de cent pétales. Les étangs et les lagunes de cette contrée nourrissent encore d'autres plantes aquatiques. Notre dessin représente le scyndapsus odorant (*sc. fragrans*) et la raphie porte-flambeau (*raphia tædigera*).

C'est encore dans le Brésil méridional qu'on rencontre des *campos* d'une immense étendue, que A. Saint-Hilaire a décrits avec soin. Toute la contrée brésilienne se distingue en *matos* (bois) et en *campos* (lieux découverts). Lorsqu'on veut convertir en terrain cultivé l'emplacement occupé par un bois, on y met le feu pendant la saison des sécheresses, et bientôt une végétation composée d'espèces frutescentes, mais moins élevées, succède à la végétation primitive. En renouvelant ces incendies deux ou trois fois, on voit le sol se couvrir d'une espèce de fougère très voisine de notre grand *pteris*, le *pteris caudata ;* et si on abandonne le terrain, une graminée visqueuse, grisâtre et fétide, fort connue dans le pays sous le nom de *capim gordura, tristegis glutinosa* des botanistes, s'en empare, et ne tarde pas à le couvrir entièrement. Cette plante est tellement vorace, qu'elle fait disparaître de certaines régions une autre graminée moins tenace, le *saccharum,* appelé *sapé.* Le *capim gordura* constitue presque à lui seul la flore des *campos* artificiels. C'est un pauvre fourrage, et qui donne peu de vigueur aux bestiaux.

En général, les *campos* naturels ont quelque ressemblance

avec nos prairies ; pourtant l'herbe y est moins abondante ; ils sont constitués, surtout dans les lieux frais, par des graminées qui n'excèdent peut-être pas les dimensions de nos espèces, mais qui en diffèrent beaucoup par la largeur des feuilles, et souvent aussi par leur inflorescence très rameuse. A côté de ces graminées croissent, comme chez nous, d'autres plantes plus élégantes par leurs fleurs. A. Saint-Hilaire cite des *vernonia*, sorte de composées, dont nous avons déjà signalé la présence dans l'Amérique septentrionale, des myrtacées et des mélastomacées à fruits capsulaires. Lorsqu'on parcourt des campos stériles, on est étonné de trouver sur les arbres épars, tortueux et rabougris qui y croissent d'ordinaire des fleurs remarquables par leur beauté. Ce sont généralement des vochysiées, des malpighiacées, des légumineuses aux fleurs éclatantes et disposées en longues grappes pendantes, des bignonies, des *achna*. A. Saint-Hilaire mentionne encore le *salvertia* à odeur de muguet, dont les fleurs sont disposées en thyrses, plus beaux peut-être que ceux du marronnier. Dans la contrée qui s'étend depuis Montevideo jusqu'à l'embouchure du Rio-Negro (pampas), la végétation se compose presque exclusivement de graminées. C'est là que croît en abondance la belle *herbe des pampas* (*gynerium argenteum*), qui joue depuis plusieurs années un grand rôle dans l'ornementation de nos jardins pittoresques. Au delà du Rio-Negro, le pays devient plus sauvage, et l'on n'y pénètre qu'avec beaucoup de difficultés.

La faune des déserts torrides du nouveau monde, plus riche sans doute que celle des déserts de sable, qui est à peu près nulle, est beaucoup plus pauvre que celle des déserts de l'Afrique équinoxiale ; elle est encore inférieure à celle-ci par les dimensions des animaux qui la composent. L'éléphant, le rhinocéros, l'hippopotame, la girafe, l'antilope même n'ont point d'analogues dans le nouveau monde. Le plus grand pachyderme de l'Amérique est le tapir, qui n'atteint pas la taille d'un petit âne. Le genre *camelus*, représenté en Asie par le chameau de Bactriane, et en Afrique par le dromadaire, l'est dans l'Amérique méridionale par le lama, la vigogne et l'alpaca, de formes élégantes, dépourvus de la bosse, qui est l'ornement du chameau de l'ancien monde, mais de taille bien inférieure. L'Amérique ne possède qu'un grand *félien*, le jaguar, qui peut passer pour l'égal du léopard et même du tigre rayé; son puma ou couguar, que Humboldt appelle le lion sans crinière, et qui est souvent appelé le

Herbe des pampas (*gynerium argenteum*).

lion d'Amérique, ne saurait se mesurer avec le vrai lion d'Afrique.

Parmi les oiseaux, le phénicoptère, aux jambes et au col démesurés, répandu dans tout l'ancien continent au-dessous du 40ᵉ degré de latitude, et l'autruche proprement dite, sont beaucoup plus grands que leurs analogues de l'autre côté de l'Atlantique, le flamant américain et le nandou; les aigles et les vautours d'Europe, d'Asie et d'Afrique l'emportent, en général, par le nombre et par la force, sur ceux du nouveau continent. Toutefois il convient de ne pas oublier que le plus grand des rapaces, le condor, est un oiseau d'Amérique : il habite exclusivement la Cordillère des Andes.

L'égalité ou l'équivalent se rétablit en ce qui concerne les reptiles et les insectes des deux mondes. L'Amérique peut

1. Guanaco. — 2. Lama. — 3. Vigogne.

opposer ses serpents boas et ses caïmans aux pythons et aux crocodiles de l'Afrique et de l'Asie ; ses crotales et ses trigono-céphales aux najas de l'Inde, aux échidnés du Cap et aux cérastes de l'Égypte et du Sahara ; la grenouille mugissante des États-Unis et le pipa de Cayenne ne trouveraient pas de rivaux dans les marécages de l'ancien continent et des îles adjacentes. Pour ce qui est des insectes, leurs légions, de part et d'autre, sont innombrables, et leurs énergies en rapport avec l'œuvre de destruction et d'épuration qu'ils semblent destinés à accomplir dans toutes les contrées tropicales.

Il est à remarquer que le genre cheval, ou, si l'on veut, la famille des *équidés* (nouveau style) manque absolument dans la faune américaine, j'entends dans sa faune indigène. L'Amérique ne possédait pas, avant l'invasion espagnole, une seule espèce analogue au cheval, à l'onagre, à l'hémione, au zèbre, au couagga. Ce sont les Européens qui ont amené sur ce continent le cheval et l'âne. Le premier s'y est multiplié rapidement dans les savanes, où il est redevenu sauvage, et son croisement avec le second a produit le mulet, qui est aujourd'hui dans les États hispanos-américains, aussi bien que dans la mère patrie, le plus utile auxiliaire de l'homme. Le bœuf d'Europe s'est également acclimaté sur toute l'étendue du nouveau continent, et d'immenses troupeaux de cette espèce peuplent, avec ceux de chevaux et de mulets, les llanos et les pampas de l'Amérique méridionale, où les premiers conquérants n'avaient rencontré que des troupeaux de cerfs (*cervus mexicanus*), de lamas et de cabiais. Le lama et ses congénères, le guanaco ou huanaco, la vigogne et l'alpaca, ne se trouvent plus aujourd'hui que dans les Andes, leur patrie, où ils sont retournés. Ce sont, on le sait, les chameaux du nouveau monde, bien différents, par leur structure extérieure, de ceux de l'ancien monde, auxquels ils ne ressemblent guère que par leur organisation interne. Ils n'étaient pas autrefois moins nécessaires aux Indiens de l'Amérique du Sud que le dromadaire et le chameau de Bactriane ne le sont aux Arabes et aux Tatars de l'Afrique et de l'Asie. Ils remplissaient l'office de montures et de bêtes de somme; leur lait et leur chair sont d'excellents aliments, et leur toison épaisse donne une laine plus souple et plus fine que celle des chameaux. Maintenant qu'ils sont délaissés dans leur pays, on s'occupe de les naturaliser dans le nôtre, et l'on y réussira, il faut l'espérer; car ils s'accommodent aisément de toutes les températures et peuvent résister à des froids très rigoureux; ce qui s'explique par l'altitude de leur habitat, qui n'est pas à moins de trois mille mètres au-dessus du niveau de la mer.

Les lamas, les vigognes, les guanacos, les alpacas remplacent, pour les peuples de l'Amérique méridionale, les animaux domestiques qui rendent aux habitants de l'ancien monde les plus grands services : le cheval, l'âne, le bœuf et le mouton. Privés de ces auxiliaires, les Indiens du Nord possédaient du moins une ressource précieuse dans le bison et dans le bœuf musqué, ou *ovibos* (mouton-bœuf). Je parlerai plus loin de ce dernier, qui ne se trouve que dans les régions les plus froides de l'Amérique septentrionale.

Les animaux qu'on rencontre le plus souvent dans les déserts de l'Amérique méridionale sont, d'après Humboldt, le petit cerf tacheté (*cervus mexicanus*), les armadilles cuirassés, espèces de tatous qui se glissent comme des rats dans les terriers des lièvres ; des troupeaux de cabiais indolents, des civettes agréablement zébrées, mais qui empestent l'air de leurs émanations ; le grand lion sans crinière, le jaguar tacheté, ou tigre d'Amérique, assez fort pour tuer de jeunes taureaux et les emporter sur le haut d'une colline. En outre, d'après le même auteur, les pampas sont « peuplées de colonies de chiens redevenus sauvages, qui habitent en troupes dans des cavernes, et qui souvent, poussés par la faim, se jettent sur les hommes, pour la défense desquels ils combattaient autrefois. »

CHAPITRE XI

Les géographes ont donné le nom de « cinquième partie du monde » à l'immense archipel, ou plutôt à l'amas d'archipels que les révolutions géologiques ont fait surgir dans le grand Océan, entre les trois continents africain, asiatique et américain, et dont les explorations maritimes des Portugais et des Hollandais, aux XVIe et XVIIe siècles, ont révélé l'existence. Dès l'époque où commencèrent ces explorations, la sphéricité de la terre était désormais hors de doute, et, l'Amérique étant découverte, on supposait qu'en vertu d'une loi sans laquelle notre planète n'eût pu se maintenir en équilibre dans l'espace, il devait exister là un continent destiné à faire équilibre à ceux de l'hémisphère boréal. Mais, pendant bien des années, toutes les recherches des navigateurs ne leur firent découvrir que de petites îles, dont plusieurs étaient désertes, et les autres occupées par des hommes au teint noir, olivâtre ou cuivré, plongés dans les ténèbres de la sauvagerie, et, le plus ordinairement même, livrés aux horreurs du cannibalisme.

Enfin cependant, en dirigeant leurs investigations sur la partie la moins submergée de l'océan Indien et en dépassant les grandes îles qui semblent avoir été reliées autrefois à la presqu'île hindoue, des marins portugais aperçurent les pre-

miers des côtes d'une étendue considérable, et ils ne dou-
tèrent pas que ces côtes ne fussent celles d'un continent
austral dont toutes les îles précédemment découvertes n'é-
taient, pour ainsi dire, que les satellites. Ce continent présumé
est encore représenté, sur les anciennes cartes publiées au
XVIIᵉ siècle et au commencement du XVIIIᵉ, par une masse
aux contours mal définis, avec cette indication : *Terra australis incognita*. Les voyages de Carpenter, de Nuyts, de
Tasman, de Cook, firent connaître plus tard que cette Terre
australe était, en effet, un continent, ou du moins une île de
dimensions extraordinaires, dont les côtes seules étaient habitées, sur une faible profondeur, par des tribus misérables,
à la peau noire, aux traits hideux, demeurées à l'extrême
limite qui sépare l'homme de la brute. Les navigateurs hollandais, qui avaient les premiers déterminé les contours
principaux de ce continent, l'avaient appelé Nouvelle-Hollande. Les Anglais, qui en ont pris définitivement possession, ont changé ce nom en celui d'Australie, qui a pré-
valu.

Si l'on fait abstraction du sol privilégié de la pointe sud-
est, où se sont développés avec une rapidité prodigieusement
accrue, il y a peu d'années, par la découverte de riches mines
d'or, les établissements britanniques de la Nouvelle-Galles du
Sud (*New-South-Wales*), de Victoria et de Queensland, l'Australie est encore une contrée entièrement sauvage, et même,
on peut le dire, un immense désert. L'aspect triste et la
nudité de ses rivages septentrionaux avaient rebuté, dans le
principe, les navigateurs portugais et néerlandais, qui ne
soupçonnaient pas les trésors cachés plus loin parmi le sable
et les rochers. Peu de rivières, peu de verdure, des baies habitées par de monstrueux amphibies : voilà ce qui avait frappé
leurs regards.

Au sud et à l'est, le paysage se présente sous des traits plus
engageants : des prairies fertiles, des forêts épaisses s'étendent
au pied de hautes montagnes d'où descendent quelques cours
d'eau. Mais qu'y a-t-il au delà ? le désert : de véritables steppes,
c'est-à-dire des plaines plus ou moins accidentées, mais incultes et inhabitées, tour à tour inondées par les pluies et

desséchées par le soleil, dépouillées de toute verdure et couvertes de hautes herbes.

Une grande chaîne de montagnes, désignées (dans une portion relativement très limitée, il est vrai) sous le nom de montagnes Bleues, s'allonge du nord au sud sur une étendue de près de 30 degrés de latitude, borde la côte orientale du cap York au cap Wilson, et s'étale en un système extrêmement compliqué de chaînes secondaires. Toutes les pentes, du côté de l'ouest, vont s'abaissant graduellement vers l'intérieur des terres, pour s'effacer dans l'immense plaine déserte qui couvre le centre du continent, du golfe de Carpentarie à la grande baie australienne.

Toutes les rivières qui coulent dans cette direction, ou se réunissent à un petit nombre de gros cours d'eau, parmi lesquels figurent en première ligne le Darling et la Murray, ou vont se perdre dans des marais et des réductions de lacs que les grandes chaleurs mettent périodiquement à sec.

Une autre chaîne de montagnes longe, du sud au nord, le rivage occidental australien, depuis le port d'Entrecasteaux jusqu'à la baie des Chiens-Marins. La partie septentrionale renferme une troisième chaîne, qui court de l'est à l'ouest, entre la baie de Comden et le golfe de Carpentarie. Quant à l'intérieur du continent (c'est-à-dire plus des trois quarts des régions qui restent à connaître), il n'est, d'après toutes les probabilités, qu'une immense plaine dépourvue de hauteurs capables de recueillir les eaux et de les distribuer, d'une manière systématique et continue, sur les terrains inférieurs. Il est positif, dans tous les cas, qu'aucun fleuve un peu important ne se jette dans la mer sur un point quelconque du littoral australien. La rivière Murray elle-même ne fait guère que s'infiltrer jusqu'à l'Océan à travers les marais du lac Alexandrino.

Sur cette vaste portion de l'Australie, restée blanche sur la carte, de nombreux voyages de découvertes ont été entrepris dès les premiers temps de la colonisation européenne. De hardis pionniers, d'infatigables *overlanders,* avaient tenté de traverser ces redoutables espaces; mais des difficultés sans nombre, et en particulier l'absence d'eau potable, les avaient forcés de rebrousser chemin vers les centres habités. L'activité anglo-saxonne ne pouvait cependant se résoudre à demeurer en quelque sorte parquée sur le rivage de la mer, alors qu'elle sentait derrière elle tout un continent à conquérir. Dans ces vingt dernières années surtout, les efforts des gouvernements coloniaux pour encourager les explorations ont été considérables. Les expéditions des Sturt, des Eyre, des Gregory, des Leichhardt, des Kennedy et autres courageux explorateurs, dont plusieurs ont payé de leur vie leur dévouement à la science, ont contribué, chacune pour sa part, à soulever une portion du voile qui recouvre encore une vaste superficie du territoire intérieur du pays.

Il fallait à tout prix savoir à quoi s'en tenir sur le désert supposé de l'Australie centrale. Le golfe de Carpentarie, situé sur la côte sud, aurait été découvert en 1644. C'est en 1845 seulement qu'était effectuée la première moitié du trajet d'Adélaïde au golfe. Le chef de l'expédition, le capitaine Sturt, proclamait l'impossibilité de franchir jamais la région désolée qui l'avait obligé de revenir en arrière. Les dernières explorations qui avaient succédé n'avaient pas conduit à de meilleurs résultats, et l'on en était presque venu à adopter en principe la notion d'un immense Sahara s'étendant du centre au nord-est du continent. A MM. Burke, King et Wills était réservé l'honneur, par eux bien chèrement acheté, de résoudre définitivement la question et d'ouvrir les premiers la route d'une mer à l'autre.

Le 20 avril 1860 partait de Melbourne, sous les auspices du gouvernement de Victoria, une petite troupe d'explorateurs intrépides, placée sous la direction immédiate de Robert O'Hara-Burke, homme plein de vigueur et d'énergie, né en 1821 dans le comté irlandais de Galway, et qui, après avoir servi comme capitaine dans un régiment hongrois, avait exercé pendant quelques années les fonctions d'inspecteur du corps de police de la colonie Victoria. On lui avait associé, comme commandant en second, William-John Wills, jeune Anglais de vingt-six ans, l'un des astronomes de l'observatoire de Melbourne. L'expédition se composait de douze personnes ; elle emmenait des chevaux, et plusieurs chameaux qu'on avait fait tout exprès venir d'Arabie. Dès la première partie du voyage, Burke, pour gagner du temps, prit les devants avec Wills, six hommes, six chameaux et quinze chevaux. Le 13 décembre, campé sur la rivière Cooper, à moitié chemin de Melbourne au golfe de Carpentarie, il écrivait au comité d'exploration qu'il avait vainement cherché une route praticable au nord, entre la route de Gregory et celle de Sturt. Dans une de ses pointes en avant, Wills avait fait jusqu'à quatre-vingt-dix milles sans rencontrer d'eau, et, après avoir perdu ses chameaux, il était revenu à pied au camp. Burke, espérant un meilleur résultat en appuyant plus à l'est, divisa de nouveau sa troupe. Laissant un dépôt de provisions à la charge de Brahé, et prenant avec lui Wills, King et Gray, six chameaux, un cheval et trois mois de vivres, il s'enfonça avec une nouvelle ardeur dans les profondeurs du continent. Brahé devait les attendre pendant trois mois au moins.

Le 12 février, les quatre voyageurs avaient surmonté tous les obstacles, et touchaient aux marais qui bordent la côte sur le golfe de Carpentarie. Le but si ardemment désiré était atteint, le problème était résolu.

Les immenses solitudes austaliennes traversées jusqu'ici présentent toutes les variétés d'aspects, depuis les plateaux pierreux et le sable fluide où les rivières n'ont plus de cours régulier, et où ne se rencontrent plus que des mares d'eau saumâtre séparées par d'immenses espaces, jusqu'aux plaines arrosées, couvertes de hautes herbes ou de broussailles, et pouvant offrir des ressources à la colonisation à venir. Les phénomènes météorologiques présentent là de grandes incertitudes : ou la sécheresse se prolonge et ruine toute végétation, ou les pluies détrempent indéfiniment le sol, et par une cause contraire amènent les mêmes résultats. Ces renversements de climats expliquent les contradictions remarquées dans les récits des différents voyageurs qui se sont succédé aux régions centrales. Un point qui ne laisse pas de doute, c'est la désespérante stérilité de la terre de Nuyts, cette immense plage sablonneuse qui, sur une profondeur encore inconnue, est regardée comme infranchissable, et s'étend sur la côte sud, entre le golfe Spencer et le port du Roi-George.

En somme, ce qui fait surtout la pauvreté de l'Australie centrale, c'est le manque d'eau, eaux courantes ou eaux de pluie.
Toutefois les parties les plus décidément stériles de l'intérieur
sont plus rapprochées de la côté qu'on ne le croyait autrefois;
si monotones que soient les descriptions des explorateurs
quant aux paysages de l'Australie centrale, on peut dès aujourd'hui considérer qu'à l'exception de points déterminés, il
n'existe point d'obstacles assez puissants pour arrêter l'expan-
sion de la colonisation européenne, dans un pays surtout où
l'élève des bestiaux est l'industrie par excellence, et celle qui
précède toujours toutes les autres.

Une des principales difficultés des voyages d'exploration a
été, presque partout, la pénurie des produits naturels du sol
propres à l'alimentation de l'homme. Les voyageurs ont dû
toujours emporter, au départ, les vivres nécessaires jusqu'au
moment du retour. C'est cette insuffisance d'approvisionnement
qui a causé le dénouement fatal de la glorieuse entreprise de
MM. Burke et Wills.

Après avoir atteint le golfe de Carpentarie, Burke et ses trois
compagnons n'avaient plus qu'à rebrousser chemin vers leur
dépôt de la rivière Cooper (Cooper's Creek); mais leurs forces
étaient épuisées; dès le commencement d'avril, les vivres leur
font défaut. A dix ou douze jours de marche de leur départ,
ils sont contraints de tuer un cheval. La semaine suivante,
Gray succombe à la fatigue. Les trois survivants se traînent
vers leur dépôt; ils y parviennent enfin dans la matinée du
21 avril; mais les hommes qu'ils y avaient laissés, désespérant
de les revoir jamais, l'avaient quitté le matin même après les
avoir attendus bien au delà du terme fixé.

« On se figure notre consternation, lit-on dans le Journal
de Wills, à la date du 21 avril; quatre mois de marches écra-
santes et de privations de toutes sortes avaient complètement
anéanti nos forces. C'était pour chacun de nous une tâche extrêmement rude que de franchir seulement une distance de quelques mètres. L'effort nécessaire pour gravir la moindre petite
élévation de terrain, même sans aucun fardeau, produit sur
nous un indescriptible sentiment de douleur et une lassitude
générale, qui nous ôte tout espoir de faire quoi que ce soit... »

Il n'y avait pas à songer à rejoindre Brahé et ses hommes. Avant de quitter le dépôt, ceux-ci y avaient laissé quelques vivres, mais point de vêtements. Le 23, Burke, Wills et King se remettent en marche, en se dirigeant, par petites journées de quatre à cinq milles, sur le mont Désespoir, dont soixante lieues seulement les séparent, et où se trouvent les établissements les plus avancés au nord de l'Australie méridionale. Mais la fatalité semble les poursuivre : un de leurs chameaux périt dans la vase; ils sont forcés bientôt de tuer l'autre pour se nourrir; puis eux-mêmes, ne pouvant plus se traîner, reviennent à leur point de départ. Condamnés ainsi à périr dans le désert, les trois infortunés n'attendaient plus de secours que des indigènes que leur amènera le hasard. Ce secours leur vint à propos; toutefois le poisson et le nardon (plante aquatique avec les semences concassées de laquelle les naturels font une espèce de pâte), seuls aliments qu'eurent à leur donner les pauvres sauvages, n'étaient pas faits pour restaurer leurs forces épuisées.

Dans les premiers jours de juin, un accident inattendu vint aggraver leur position : le feu de leur bivouac, poussé par un grand vent, réduisit en cendres leur hutte et tout ce qu'ils possédaient. Il n'y avait plus désormais à songer au retour. Le seul parti à prendre était de vivre avec les indigènes hospitaliers qui les avaient déjà secourus. Malheureusement ceux-ci avaient disparu. C'est en vain qu'on se met à leur recherche : Burke et Wills ne devaient plus les revoir.

Le samedi 29 juin, ce dernier, à bout de forces, dit adieu à Burke et à King, qui le laissèrent couché dans la hutte avec de l'eau, du bois et du nardon à sa portée. Quatre à cinq jours après, King revint seul, rapportant quelques oiseaux qu'il avait tués; mais il était trop tard : les souffrances de Wills avaient eu leur terme, King ne trouva plus qu'un cadavre. A peu près en même temps que succombait le malheureux jeune homme, Burke était mort aussi dans les bras de son compagnon.

Après avoir une dernière fois embrassé les corps froids de ses deux derniers amis, King, le malheureux abandonné, se mit à la recherche des indigènes. Il parvint heureusement à les retrouver avant d'avoir épuisé complètement sa provision de nardon. Ces bonnes gens l'accueillirent avec cordialité, et l'emmenèrent avec eux de campement en campement. Ce fut après deux mois et demi de cette existence étrange qu'il fut découvert par l'expédition que le comité d'exploration de Melbourne, inquiet à juste titre du sort de Burke et de ses compagnons, avait envoyée à leur recherche sous le commandement de M. Howitt. C'était le 15 septembre 1861. A la fin du même mois, l'expédition Howitt quittait la rivière Cooper, et, après un trajet rapide, elle rentrait sur le territoire de la civilisation avec le brave King et les cartes et les notes de Burke et de Wills, trouvées tant sur leur fidèle compagnon que dans les dépôts où eux-mêmes avaient pris soin de les enfouir. La solution du grand problème australien est aujourd'hui complète, dit à ce propos l'*Edimburgh Review*. « Des côtes de la baie de Port-Philip à celles du golfe de Carpentarie, Burke et Wills ont posé pour leurs compatriotes d'adoption les jalons d'une route praticable et directe. Quand les colonies australiennes se seront étendues dans l'intérieur du continent et qu'elles auront occupé les rives du grand golfe, on se rappellera les noms des hardis explorateurs qui, renversant tous les obstacles, ont les premiers forcé le passage d'une mer à l'autre. La Société royale de géographie d'Angleterre a accordé sa grande médaille d'or aux représentants de Robert O'Hara-Burke.

Les déserts de l'Australie intérieure ont été à peine entrevus par quelques intrépides voyageurs qui se proposaient seulement pour but d'en déterminer la constitution géographique. On conçoit donc sans peine que la flore de cette immense région soit encore presque entièrement inconnue. Les côtes seules ont été explorées d'une manière assez complète par des botanistes éminents. Labillardière, Robert Brown, Gaudichaud, d'Urville, Sieber, Lesson, A. Cunningham, ont, sur la fin du siècle dernier et au commencement de celui-ci, fait connaître la plupart des végétaux qui peuplent la côte méridionale. A ces noms célèbres et liés à tout jamais à la connaissance des végétaux australiens, on doit ajouter celui de M. le docteur F. Mueller, directeur du jardin botanique de

Melbourne, et ceux de MM. Hooker et Bentham. Le premier a recueilli ou fait récolter un grand nombre de plantes qu'il a décrites lui-même, ou qui l'ont été par MM. Hooker et Bentham, et qui ont servi de types pour l'édification de la Flore que publient ces savants botanistes.

Burke, Wills et King dans les déserts de l'Australie intérieure.

Considérés dans leur ensemble, les végétaux de la Nouvelle-Hollande présentent, comme cela a lieu aussi pour ses productions animales, une physionomie spéciale, et appartiennent à un centre de végétation bien caractéristique. S'il y a quelques rapports entre cette végétation et celle d'un autre point du globe, c'est certainement avec la partie de l'Afrique australe qui avoisine le cap de Bonne-Espérance que l'Australie présente le plus d'affinité. Il semblerait que ces deux continents n'aient pas été autrefois séparés, comme ils le sont de nos jours, par une immense étendue d'eau, et que les végétaux qui leur sont propres aient pu librement se propager de l'un à l'autre.

D'après Richard, le nombre approximatif des espèces rapportées par les botanistes que nous venons de citer s'élève à cinq mille environ ; mais, par suite des découvertes postérieures, on peut le porter à près de sept mille. Bien que les plantes australiennes se répartissent dans des familles nombreuses, chacune de celles-ci renferme des individus en nombre assez restreint. Les plantes prépondérantes appartiennent surtout aux légumineuses, aux composées, aux myrtacées, aux graminées, aux cypéracées, aux fougères, aux protéacées, aux épacridées, aux orchidées, etc., en proportion qui varie, d'ailleurs, suivant les diverses parties explorées.

Les plantes les plus répandues dans les plaines de l'Australie méridionale sont les graminées et les cypéracées ; on trouve parmi les premières le *pennisetum fasciculare*, un grand nombre de poacées, et l'*arundo conspicua ;* par son feuillage et l'aspect de ses inflorescences, ce roseau a beaucoup d'analogie avec le *gynerium argenteum,* ou herbe des pampas ; parmi les secondes domine le *cyperus vaginatus,* extrêmement abondant aux bords de la rivière Murray, dans les terrains sujets aux inondations ; avec les feuilles de cette plante on fabrique des filets assez résistants. A ces herbes viennent s'ajouter quelques plantes fleuries, notamment des *lobelia ;* plusieurs menthes (*mentha australis, satureioides, grandiflora* et *gracilis*), dont on extrait une huile essentielle pour la fabrication des parfums ; les *sida pulchella* et *lavatera plebeia,* avec les fibres très résistantes desquels on fait des filets solides ; les fibres du lin australien (*linum margilane*) servent au même usage. Les *restio,* si curieux par leurs rameaux jonciformes, habitent aussi les lieux humides ; il en est de même des *kingia,* graminées très vulgaires ; de l'*astelia Banksii,* liliacée à feuilles graminiformes et à souche tenace et très résistante, et du *xerotes longifolia*. Le nardon (*marsilea quadrifolia*, var. *hirsuta*), sorte de cryptogame à feuilles formées de quatre folioles ressemblant à celles d'un trèfle, est très abondant dans les parties déprimées et sujettes aux inondations, principalement aux bords du Murray; les

1. Rosea élégant (*arundo conspicua*). — 2. Astélie de Banks (*astelia Banksii*). — 3. *Hectia pitcairniæfolia*. — 4. Xantorrhée en arbre (*xantorrhea arborea*).

indigènes font avec ses sporules des gâteaux qui constituent leur principale nourriture. Enfin le *stag-horn* (*acrostichon grande*), champignon gigantesque, se suspend aux branches des grands arbres.

Parmi les prairies sont interposés de petits buissons croissant surtout aux bords des cours d'eau; ils sont formés d'arbustes divers. On remarque toute une série de légumineuses : *chlorozoma*, *pultenæa*, *viminaria*, *mirbelia*, *podolobium*, etc., tous arbrisseaux d'une élégance extrême et fort recherchés pour l'ornement de nos serres tempérées ; des épacridées *epacris stiphelia*, *leucopogon*, etc., qui ornent

1. Doryanthes excelsa. — 2. Aralia crassifolia. — 3. Dryandra repens.
— 4. Cordyline congesta.

également nos serres ; un grand nombre d'*eurybia*, composées suffrutescentes, et dont quelques-unes ne sont pas sans intérêt par leur feuillage éricoïde ; le *pimelea axiflora*, dont l'écorce souple et résistante sert à faire des liens ; le *myrsine variabilis*, au port buissonneux ; l'*aralia crassifolia*, arbuste singulier par ses feuilles longues, étroites et d'une grande rigidité ; le *callistemon salignum* (vulgairement bois de pierre), employé pour la xylographie ; le *casuarina equisetifolia*, aux tiges pleureuses et articulées, comme les prêles de nos marais ; plusieurs *melaleuca ;* enfin quelques *cordylines*, entre autres le *cordyline congesta*, qui par ses tiges grêles, mais strictes et surmontées de feuilles étroites, rubanées et pendantes, n'est pas sans élégance.

Les lieux rocailleux, secs, arides et sablonneux, qu'on peut assimiler à nos landes, sont couverts d'une végétation particulière. La plante la plus étrange et la plus répandue dans ces stations est sans contredit le *xantorrhea arborea* (vulgairement *grass-tree*); sa tige énorme comparativement à sa hauteur, rugueuse et souvent tortueuse, porte à son sommet d'innombrables feuilles linéaires et résistantes, et se termine par une inflorescence de petites fleurs insignifiantes, disposées en épi cylindrique de plus de cinquante centimètres de long sur un axe solide.

Parmi les plantes plus humbles on trouve quelques *hectia*, entres autres le *hectia pitcairniæfolia*, broméliacée assez curieuse par son mode de végétation, et le *stipa crinita*, graminée très vulgaire; avec les feuilles de cette dernière plante on a obtenu un papier résistant.

Les premiers naturalistes qui explorèrent le littoral du continent australien et les îles adjacentes furent frappés d'étonnement à la vue des animaux qu'ils y trouvèrent. C'était là pour eux plus qu'un monde nouveau : c'était un monde à part, peuplé d'êtres tout différents de ceux qu'ils avaient pu étudier jusqu'alors, et dont quelques-uns offraient une organisation et une structure propres à mettre en défaut les notions qu'on s'était faites des caractères fondamentaux appartenant aux diverses classes du règne animal. La faune australienne ne peut être comparée, sous ce rapport, qu'à celle de Madagascar, qui porte également un cachet spécial, et présente seulement quelques traits de parenté avec la faune hindoue. C'est aussi de cette dernière que la faune australienne se rapproche le plus, ou, pour mieux dire, diffère le moins.

Les grands herbivores : pachydermes, ruminants, soli-

pèdes, manquent totalement en Australie, ainsi que les carnivores proprement dits, les singes et les lémuriens. La
classe des mammifères n'est représentée que par un petit
nombre de cheiroptères et de rongeurs, par une seule espèce
de carnivores, le dingo, ou chien d'Australie[1]; par des amphibies : phoques et otaries, qui habitent les baies dont les
côtes sont creusées; par des marsupiaux : kanguroos, phascolomes, thylaemis, etc., et par l'ordre très restreint des
monotrèmes (ornithorynque et échidné). Ces deux derniers
groupes sont surtout caractéristiques de la faune australienne;
le second lui appartient exclusivement; peu s'en faut qu'il
n'en soit de même de la sous-classe des marsupiaux, représentée seulement dans l'Amérique méridionale par les genres
sarigue, hémiure et chironecte, et confinée d'ailleurs dans la
Nouvelle-Hollande, la Tasmanie, la Nouvelle-Guinée, la
Nouvelle-Zélande et quelques autres îles moins importantes
de l'Océanie.

[1] Encore n'est-il pas bien certain que ce chien ne soit pas, originairement, d'importation européenne.

LES
DÉSERTS GLACÉS

CHAPITRE I

LES DÉSERTS POLAIRES

Dans les contrées soumises à une température toujours
élevée, l'excès de la fertilité n'est pas beaucoup plus favorable
que l'extrême sécheresse au développement matériel et moral
de l'homme. Il n'est pas douteux que l'exubérance de la végétation ne soit une cause puissante d'insalubrité de l'air.
Aussi voit-on que la civilisation, le commerce, l'industrie,
le travail n'ont pu s'établir et progresser que dans les pays
tempérés ou même froids, où l'homme a trouvé un climat
plus salubre, mais en même temps assez inégal, et souvent
assez inclément, pour l'obliger à se défendre par divers
moyens contre les intempéries de l'atmosphère, et un sol
susceptible de lui fournir abondamment des produits nécessaires à ses besoins, mais à la condition qu'il saurait les conquérir par un travail intelligent et opiniâtre.

Dès qu'on arrive sous une latitude où la moyenne thermométrique dépasse de quelques degrés celle du centre de la
France, que je prends ici comme type du climat tempéré,
l'indolence, la paresse s'empare des habitants ; leurs mœurs
deviennent à la fois plus molles et plus farouches, leurs
passions plus violentes et leurs goûts plus futiles ; les arts et

la poésie prennent le pas sur les études positives ; l'industrie et le commerce languissent, l'agriculture est négligée. Il faut, au contraire, remonter très haut vers le nord pour apercevoir un amoindrissement de la civilisation, un ralentissement du travail. Les peuples les plus industrieux du monde, les Anglais et les Hollandais, habitent un pays froid, humide et brumeux. Au Canada et dans les États les plus septentrionaux de l'Union américaine, la race anglo-saxonne n'a rien perdu de ses habitudes laborieuses et de son audace entreprenante. En Suède et en Norwège, en Russie et en Sibérie même, on trouve des villages et des villes, dont quelques-unes sont florissantes, jusqu'au 60° degré de latitude nord et au delà, sous un climat dont la température moyenne est inférieure à notre moyenne hibernale, et où le thermomètre descend fréquemment, en hiver, au-dessous de — 40°. C'est que la tiédeur de l'air relâche les ressorts de l'esprit aussi bien que ceux du corps, tandis que le froid semble en augmenter l'énergie. C'est qu'aussi les climats froids sont, à tout prendre, plus sains que les pays chauds, que l'acclimatement s'y opère avec beaucoup plus de facilité, et qu'enfin la civilisation fournit à l'homme des moyens de se soustraire aux fâcheux effets d'une très basse température, tandis qu'elle le laisse sans défense contre ceux d'une chaleur trop intense. Nous verrons bientôt que l'organisme humain se modifie, dans les régions polaires, de façon à supporter sans en trop souffrir un froid dont la rigueur nous paraît, au premier abord, devoir être absolument intolérable.

On peut placer entre les lignes isothermes de + 5° et de 0° la limite où commence la région qui, sur l'hémisphère boréal, mérite le nom de région des déserts polaires. Déjà, en effet, sous cette latitude thermique, le paysage prend un aspect morne et désolé, qui annonce l'approche des funèbres glaciers du pôle. On n'y rencontre plus de hautes montagnes ; quelques-unes seulement des grandes chaînes de l'Europe et de l'Asie, — ici les Alpes Scandinaves, là les monts Ourals ; plus loin, à l'extrémité la plus orientale de l'Asie, des lambeaux que l'on peut considérer comme se rapportant au soulèvement de l'Altaï, — prolongent jusqu'aux rivages arctiques leurs crêtes morcelées et couvertes de neiges. Partout ailleurs, ce sont des steppes immenses et entrecoupées de marécages et de bois de sapins et de bouleaux, puis se dépouillant de végétation et n'offrant plus aux regards qu'un sol pierreux, hérissé de rochers, sillonné de crevasses, et presque totalement recouvert d'une croûte de glace et de neige qui va se confondre au loin avec les flots cristallisés de la mer Glaciale. C'est en Amérique que ces déserts ont le plus d'étendue, non seulement parce que ce continent s'avance bien plus loin que le nôtre vers le pôle, mais encore parce que, grâce à sa disposition géographique et à sa structure géologique, il donne, même dans la direction du midi, beaucoup plus de prise aux actions combinées de l'atmosphère, de la terre et des eaux, dont les effets constituent le climat arctique [1].

Ce climat règne donc sur la presque totalité de l'Amérique russe et danoise, sur le Labrador et sur le pays des Esquimaux, jusqu'à la faible ligne de partage qui sépare des eaux tributaires de la baie d'Hudson les trois bassins de Saint-Laurent des cinq grands lacs et du Mississipi. Cette ligne ondule entre le 52ᵉ et le 49ᵉ degré de latitude, depuis le détroit de Belle-Ile jusqu'aux sources de Saschatchewan, dans les montagnes Rocheuses, d'où elle s'infléchit vers l'océan Pacifique en contournant par le nord le bassin de la Columbia.

« Ainsi circonscrites du côté du sud, disent MM. A. Hervé et F. de Lanoye, les terres arctiques de l'Amérique, en y comprenant les archipels du nord et du nord-est, ne doivent pas mesurer moins de 560,000 lieues carrées. Elles dépassent donc beaucoup en superficie la masse des terres européennes, estimées à environ 490,000 lieues carrées [2]. »

A la vérité, les mêmes auteurs divisent ces terres arctiques en trois régions, dont une, celle qu'ils nomment la « Provence du Nord-Ouest », appartient plutôt aux prairies dont j'ai parlé plus haut qu'aux déserts polaires. Les deux autres

---

[1] L'isotherme de 0°, qui en Europe effleure à peine le cap Nord, en Laponie (lat, 72°), descend en Amérique à 20 degrés plus bas, jusqu'au sud de la baie de James.

[2] *Voyage dans les glaces du pôle arctique,* chap. Iᵉʳ. Un vol. gr. in-18; Paris, 1854.

sont la « région moyenne ou boisée » et les « landes stériles ». La région boisée comprend les bassins du haut Mackenzie, de Churchill, du Nelson et du Severn. « La baie d'Hudson la découpe à l'orient de ses profondes anfractuosités. La navigation de cette Méditerranée, ouverte aux courants et à la dérive des glaces du pôle, ne s'ouvre qu'en juin pour se fermer en septembre ; encore dans cet intervalle l'encombrement des glaces est tel, que les navires mettent plus de deux mois à franchir le diamètre de la baie. Sur tous les pourtours de cette mer, le sol ne dégèle jamais à fond, et souvent même il gèle à sa surface au cœur de l'été. »

L'hiver règne en tyran sur ce littoral pendant huit à neuf mois. Dès la fin de septembre, la terre, les fleuves qui se jettent dans la baie, leurs affluents et le chapelet de lacs qui les relie entre eux, tout disparaît sous une couche de frimas. « Les provinces de la Nouvelles-Galles et du Maine ne jouissent que pendant trois mois de la température de $+ 11°$ centigrades, nécessaire au développement de la végétation. Les rives méridionales des grands lacs de l'Ours et de l'Esclave ne possèdent même cette température que pendant deux mois au plus. » Ce n'est guère qu'au mois de mai que le thermomètre remonte peu à peu au-dessus de zéro, dans la région boisée, et qu'un souffle de vie passe sur les plantes. Alors seulement les pousses rougeâtres des saules, des peupliers et des bouleaux se couvrent de longs chatons cotonneux ; les buissons verdissent, la dent-de-lion, la bardane et les saxifrages fleurissent au pied des rochers ; puis les églantiers, les groseilliers, les framboisiers se chargent de baies, et au-dessus de ces arbrisseaux nains, les pins, les mélèzes, les thuyas étalent tout le luxe de leur sombre verdure. Mais en même temps la fonte des neiges a transformé le terrain, naguère dur et poli comme le marbre, en marais tourbeux où éclosent des myriades de maringouins, fléau intolérable auquel le voyageur n'échappe qu'en s'enveloppant dans des tourbillons de fumée.

Le commencement de la région des « landes stériles » est marqué par une ligne tirée de l'embouchure du Churchill, dans la baie d'Hudson, au mont Saint-Élie, sur l'océan Pacifique, et passant par les rives méridionales des deux lacs de l'Ours et de l'Esclave. Au nord cette région se perd dans les glaces éternelles, avec les dernières terres de l'archipel de Parry ; à l'est et au nord-est, la conformité du sol et l'identité du climat lui rattachent la plus grande partie du Labrador et le Groënland tout entier, dont elle n'est séparée d'ailleurs qu'accidentellement par la rupture des glaces qui solidifient constamment la baie de Baffin, et rendent si difficile dans ces parages la distinction des terres et des mers. « Dans ces vastes contrées, disent MM. Hervé et de Lanoye, la croûte primitive du globe conserve encore le caractère chaotique qu'elle prit au moment où elle se solidifia. A l'exception du fond des ravines et des concavités, où la fonte de chaque hiver entraîne de longues plaques de mousse et les détritus des saules nains, végétation embryonnaire des terres polaires, nulle part la lente action des siècles n'a oxydé cette rude écorce au point de revêtir d'une couche d'humus son abrupte nudité. Là nul terrain de transition ne s'étend entre le granit primordial et les roches éruptives. Là de longues chaînes de trachyte, de gigantesques chaussées de basalte étalent encore leurs strates aussi régulières, leurs arêtes aussi vives, leurs déchirures aussi profondes que le lendemain du jour où elles jaillirent de leurs *failles de soulèvement*. Sur un grand nombre de points, comme au fond de la baie Repulse et dans l'intérieur de l'île Melville, des squelettes entiers de baleines émergés du fond de l'Océan, avec la couche sousmarine où la mort les avait déposés, n'ont encore reçu des âges écoulés depuis leur mise au jour d'autre linceul que la neige de chaque hiver, qui, en se fondant au soleil de chaque été, découvre annuellement leurs ossements blanchis, preuves irrécusables d'une grande loi géologique. »

Je viens de parler du Groënland, que Michelet appelle *le funèbre Groënland*, et dont le nom pourtant éveille des idées riantes, car il signifie *terre verte*. Ce nom lui fut donné par l'Islandais Éric Rauda, qui le premier y aborda en 982, sans doute en été, et vers la pointe méridionale, qui atteint le 60e degré de latitude nord, et qui fut charmé par l'aspect verdoyant de son rivage. Mais le Groënland est une terre im-

mense, — île? presqu'île? continent? on ne sait au juste.
Borné au nord-est par l'océan Atlantique, au nord par
l'océan Glacial, au sud-est par la mer de Baffin, qui le sépare de la terre de même nom, et plus haut, à l'ouest, par le
détroit de Smith, il s'étend jusqu'à la mer polaire de Kane,
qui peut-être le baigne au nord, ou plus vraisemblable-
ment le soude, par ses champs de glace, aux glaces éternelles du pôle. Ses côtes seules sont habitables, et fréquentées
par des chasseurs de phoques et des pêcheurs de baleines.
L'intérieur et la partie septentrionale semblent inaccessibles,
et le peu que l'on en connaît réalise le type du désert polaire,
désert absolu, si l'on peut ainsi dire, où toute vie animale
ou végétale est impossible. C'est un explorateur danois, le
capitaine Jensen, qui, après le célèbre navigateur suédois
Nordenskjold, paraît avoir pénétré le plus avant dans ce lu-
gubre séjour. En 1870, Nordenskjold, avec le naturaliste
Berggren, s'était avancé jusqu'à une distance de 7 milles 1/2
(un peu plus de 56 kilom.) dans l'intérieur. L'expédition du
capitaine Jensen a eu lieu en 1878. Le récit en a été fait à la
Société de géographie de Copenhague le 19 février 1879. J'en
emprunte l'analyse sommaire au *Bulletin de la Société de
géographie de Paris*.

M. Jensen et ses compagnons partirent le 14 juillet des
glaces situées au nord de Frederikshaab, au sud-ouest du
Groënland, accompagnés d'un rameur de *kayak*, d'un autre
Groënlandais et de trois femmes groënlandaises. Ils devaient
traîner eux-mêmes les trois traîneaux contenant leurs bagages et des vivres pour trois semaines. Ils eurent, dès le
commencement, à surmonter de grandes difficultés, causées
par les monticules de glace et par les crevasses qu'ils ne pouvaient franchir que sur la neige qui les recouvrait. Plusieurs
de ces monticules étaient de véritables collines à forme arrondie ou en dos d'âne; sur les versants se trouvaient des
fleuves de neige ou des torrents qu'il fallait tourner le plus
souvent. Les voyageurs étaient aveuglés et mouillés par la
neige. Leurs chaussures furent vite usées, et ils eurent à
endurer toutes sortes de fatigues et de souffrances. Cependant
les glaces allaient toujours en montant vers l'intérieur du

Désert de glace (pôle arctique).

pays. Le onzième jour après son départ, l'expédition avait atteint une hauteur de 1,200 mètres au-dessus du niveau de la mer. Elle arriva à un amas de rochers, appelés en groënlandais *Nunatak*, s'élevant au milieu d'un désert de glaces, et situé à 71 kilomètres de la côte. A cet endroit éclata une terrible tempête de neige qui dura presque sans interruption pendant six jours. M. Jensen se vit obligé de rationner son monde pour ne pas manquer de vivres. Bientôt le chauffage et l'alcool firent complètement défaut. Le 31, le temps s'étant remis au beau, les voyageurs escaladèrent le Nunatak, dont la hauteur est de trois cents mètres, et y construisirent un petit monument en pierres sèches où ils déposèrent un rapport résumé sur leur expédition. Sur le sommet du Nunatak ils trouvèrent un coquelicot et une araignée. Aussi loin que la vue pouvait s'étendre, on apercevait un désert de glaces qui allait toujours s'élevant du côté de la terre : sur le côté est des rochers, la glace s'était accumulée en si grandes masses, qu'elle atteignait presque le sommet. La surface des glaces entre les rochers offrait l'aspect d'une chute d'eau qui se serait congelée subitement. Il n'était que temps de songer à la retraite, qui fut assez favorisée par le beau temps. Toutefois un Groënlandais faillit périr dans une crevasse où, par bonheur, il resta suspendu à une profondeur de trente mètres, et d'où il fut retiré au moyen de la corde alpestre. La température était à 0°, et le dégel ne faisait qu'augmenter les périls du retour. Enfin, après une absence de vingt-trois jours, les voyageurs aperçurent la côte; ils y furent reçus avec joie par les Groënlandais, qui attendaiennt leur retour non sans inquiétude.

Tel est, en plein mois de juillet, le désert glacé du Groënland. Qu'on juge de ce qu'il doit être en hiver, lorsque le soleil a cessé de se montrer et que la température est descendue jusqu'à 45 et 50 degrés au-dessous de zéro !

En Asie, la ligne isotherme de 0° descend jusque vers le 55° degré de latitude, c'est-à-dire un peu moins bas qu'en Amérique; mais au delà de cette ligne on trouve encore, ainsi que je l'ai dit plus haut, des villes assez importantes, telles que Tobolsk, capitale de la Sibérie, située par 58° 11';

Irkoutsk, par 58° 16', et Iakoutsk, par 62°. Toute cette partie septentrionale de la Sibérie ne se distingue que par la plus grande rigueur du climat, et par une végétation de plus en plus rare, des grandes steppes dont elle est la continuation. Cependant l'extrémité nord-est, y compris la presqu'île de Kamtchatka, est hérissée de montagnes volcaniques qui offrent encore actuellement quelques cratères en activité, notamment ceux d'Avatcha et de Klioutcheskoë ou Klutschew. Ce dernier s'élève sur une des plus hautes montagnes du globe.

Sur l'Europe continentale, on ne peut considérer comme terres polaires que la Laponie russe et la côte profondément découpée de la Russie septentrionale. Au nord de la pointe la plus avancée de cette côte, et séparée du continent par un étroit bras de mer, se trouvent les deux îles presque contiguës qui forment la Nouvelle-Zemble (latitude 68° 50' à 76°) : îles désertes, hantées seulement par quelques pêcheurs, mais où l'on rencontre encore quelque végétation et quelques animaux sauvages. Enfin, presque au milieu de l'océan Glacial, et à peu près à égales distances de l'ancien et du nouveau continent, se dresse le sombre archipel du Spitzberg (c'est-à-dire *montagnes Pointues*), situé par 50° à 22° longitude est, et 74° à 80° 30' latitude nord. Cet archipel est hérissé de hauts rochers granitiques et de glaciers qui viennent plonger jusque dans la mer. Les trois grandes îles qui le composent sont tellement rapprochées l'une de l'autre et si constamment soudées ensemble par les glaces, qu'on a longtemps douté si le Spitzberg n'était pas une seule terre profondément découpée et entaillée. Il est absolument inhabité ; mais en débarquant sur certains points des côtes, sur la baie Madeleine, par exemple, on se heurte à chaque pas contre des ossements humains dispersés sur la neige pêle-mêle avec des os d'ours et de phoques, et contre des cercueils vides ou à demi ouverts. Ces restes sont ceux de malheureux marins morts de froid et de privations dans ces parages funèbres. Faute de pouvoir creuser des fosses, à cause de l'épaisseur de la glace, on charge les cercueils de gros fragments de rocher destinés à servir de rempart contre les bêtes fauves. Mais *le gros homme en pelisse* (c'est le nom que les pêcheurs norvégiens donnent à l'ours blanc) a les bras robustes, et, stimulé par la faim, il parvient souvent à déplacer ces blocs de pierre pour dévorer les cadavres enfermés dans les cercueils.

L'Océan même qui baigne ces terres désolées nous montre le désert arctique sous une forme plus imposante encore, plus grandiose et plus menaçante à la fois. A sa surface flottent des banquises, des champs et des montagnes de glace, plus redoutables encore pour les navigateurs que les typhons et les cyclones de la zone torride. Les montagnes de glace flottantes proviennent des glaciers terrestres qui, par ces latitudes, descendent jusqu'à la mer, s'avancent souvent à une distance considérable des côtes, et se brisent en fragments énormes sous le choc des vagues ou par l'effet de leur propre poids. C'est pour cela que la glace des banquises donne, en se liquéfiant, de l'eau douce et potable, et non, comme l'ont imaginé à *priori* quelques physiciens, et comme M. Figuier le répète dans son livre *la Terre et les Mers,* parce que l'eau de mer *se dessale en se congelant.* L'eau de mer se congèle plus difficilement que l'eau douce, mais la glace qu'elle forme est salée ni plus ni moins que l'eau qui l'a produite. C'est ce qui a lieu pour les masses de glace qui prennent naissance dans le sein de la mer polaire, et qui, en s'agglomérant entre elles et avec les débris des banquises, constituent ce qu'on nomme les *champs de glace.*

Ces champs de glace ont souvent une étendue de plusieurs kilomètres carrés. Leur épaisseur est variable et toujours beaucoup moindre que celle des montagnes. Il n'est pas rare que celles-ci s'élèvent d'une centaine de mètres, et l'on se fera une idée de leurs dimensions gigantesques lorsqu'on se rappellera que la partie immergée est de quatre à huit fois plus haute que celle qui paraît au-dessus des flots. Pendant l'hiver, montagnes et champs de glace se soudent de manière à former sur l'Océan une croûte compacte et impénétrable, un immense désert de neige entrecoupé de murailles, de colonnes, j'allais dire de monuments aux formes bizarres, aux parois chatoyantes, où se reflètent et se réfrac-

tent en lueurs changeantes les feux des aurores polaires. Puis
lorsque, après sa longue absence, le soleil revient darder
obliquement ses rayons sur le pôle, toute cette croûte se fend
et se disloque ; la débâcle éclate ; les courants océaniques

Terre-Adélie.

entraînent à la dérive les blocs et les plaques de glace qui
roulent, glissent, se poursuivent, se croisent, s'entre-cho-
quent et se brisent dans un pêle-mêle indescriptible et avec
un fracas épouvantable.

Il serait superflu de parler ici des dangers qui attendent les
marins assez hardis pour s'aventurer dans les mers polaires.
J'ai résumé dans un autre livre la glorieuse et lamentable

odyssée des intrépides navigateurs qui se sont voués à l'exploration de ces parages et à la recherche du passage nord-ouest d'un hémisphère à l'autre[1]. Plusieurs, hélas ! ont péri dans cette téméraire entreprise, et les plus heureux n'en sont revenus qu'après avoir accompli des prodiges de courage et d'énergie, et enduré d'inexprimables souffrances.

Leurs efforts et leurs sacrifices, du moins, n'ont pas été stériles. Grâce à ces héros de la science, la région polaire arctique est aujourd'hui en grande partie connue. On n'en peut dire autant de la région polaire antarctique. Nul continent, nulle fraction de continent n'en facilite l'accès. La Terre-de-Feu, qui en est la plus voisine, n'est point faite pour en donner une riante idée, et les difficultés et les périls qui s'opposent à son exploration paraissent insurmontables. Trois illustres navigateurs : un Français, Dumont-d'Urville ; un Américain, Ch. Wilkes ; un Anglais, James Ross, ont tenté pourtant, dans la première moitié de ce siècle, de pénétrer le mystère qui enveloppe cette extrémité du monde. Après avoir louvoyé plusieurs jours parmi les banquises prodigieuses qui menaçaient tantôt d'écraser ses navires, tantôt de les enfermer dans une funèbre prison, Dumont-d'Urville s'estima heureux d'aborder enfin, sur la ligne même du cercle antarctique, des falaises de rochers noirs qu'il nomma Côte-Clarie et Terre-Adélie. A la même époque, le commandant Ch. Wilkes reconnut, par 67° 4' de latitude sud et 147° 30' de longitude est, une baie qu'il appela la baie du Désappointement, parce qu'il s'y vit arrêté par les glaces et déçu dans son espoir d'atteindre le continent austral. Le même navigateur releva par 105° 18' longitude est et 65° 59' latitude sud une étendue de côte dont il évalua la longueur à soixante-cinq milles visibles, et la hauteur à trois mille pieds. Cette côte lui parut entièrement couverte de neige. En y débarquant au point que j'ai dit, on constata sous la neige la présence de l'argile, du grès rouge et du basalte ; du reste, nul indice de stratification. Aux abords de cette côte, fréquentée par les

---

[1] *Voyages et découvertes outre-mer au XIX° siècle.* Un vol. gr. in-8° ; Tours, Alfred Mame et fils, 1863.

cachalots, les phoques à trompe et les oiseaux de mer, on trouva des zoophytes et quelques petits crustacés.

L'exactitude des observations de Wilkes a été depuis contestée par les géographes, et en 1841 James Ross a démontré que la lisière de ce continent problématique était, au moins en certains endroits, beaucoup plus reculée que le navigateur américain ne l'avait cru. James Ross pénétra dans une échancrure de la côte par 75° de latitude, et se trouva en présence de deux pics volcaniques couverts de neige, s'élevant à 3,000 et 3,700 mètres de hauteur, et dont l'un vomissait des flammes et de la fumée. Il donna à ces volcans les noms des deux navires qu'il commandait : *l'Érèbe* et *la Terreur*, noms bien dignes d'être appliqués aux soupiraux de la fournaise qui couve sous les glaces du désert antarctique[1].

[1] Relativement à la climatologie et aux phénomènes météorologiques des zones glaciales, notamment aux *aurores polaires*, voyez *l'Air et le Monde aérien*, II° partie, ch. III et XIII.

CHAPITRE II

« Le tapis que Flore a étendu sur le corps nu de la terre, dit Humboldt, est inégalement tissu. Plus épais aux lieux où le soleil s'élève plus haut dans un ciel sans nuages, il est plus clairsemé vers les pôles, où la nature semble engourdie, où le retour précipité des frimas ne laisse pas aux bourgeons le temps d'éclore, et surprend les fruits avant leur maturité. »

Le nombre des végétaux capables de résister aux longs et terribles hivers arctiques et de se contenter du peu de chaleur et de lumière que leur verse, pendant son rapide séjour au-dessus de l'horizon, le pâle soleil de ces régions, ce nombre est, en effet, bien restreint. On a vu, au chapitre précédent, à quoi se réduit la flore de la partie des terres polaires américaines qu'on a baptisées du nom un peu ambitieux de « région boisée ». Cette flore, si pauvre et si chétive, est encore celle d'une zone relativement fortunée. On la retrouve avec quelques variantes au nord de la Suède, de la Russie et de la Sibérie. Là se trouvent les dernières agglomérations d'arbres qu'on puisse appeler des forêts : des pins, des sapins, des aunes et des bouleaux, sont les seules essences qui les composent. Plus loin, ces arbres ne forment que de petits bois, alternant avec des bouquets de peupliers et de saules

nains. Le myrtille de nos forêts subalpines et un petit chèvrefeuille rampant, aux feuilles arrondies, aux fleurs roses
et parfumées, couvrent, en certains endroits, des étendues
considérables. Plus loin encore les espèces arborescentes
font complètement défaut ; mais des plantes vivaces, appartenant aux familles des renonculacées, des saxifragées, des
crucifères et des graminées, épanouissent leurs fleurs à la
surface des rochers. Aux sapins et aux bouleaux déjà si
chétifs succèdent, dans les mêmes stations, quelques arbustes
clairsemés : entre autres le groseillier épineux, le framboisier ordinaire, le framboisier faux-mûrier (*rubus chamœ-
morus*), exclusivement propre à ces régions, et le rosage de
Laponie (*rhododendron laponicum*). Si l'on avance toujours vers le nord, on ne rencontre, sur les dernières terres,
que des draves (crucifères), des potentilles (rosacées), des
laiches et des linaigrettes (cypéracées), enfin des mousses et
des lichens. Les mousses les plus communes sont les *splech-
num*, qui simulent de petites ombelles, et, dans les lieux
humides, des sphaignes, dont l'accumulation successive, depuis une époque très reculée, a formé, avec les détritus de quelques cypéracées, des amas de tourbe qu'on pourrait utiliser
comme combustible. Les lichens sont, avec ces mousses, les
derniers végétaux pouvant, grâce à la simplicité de leur organisation, se développer et se reproduire sur les rochers du
pôle et sous l'épaisse couche de neige qui les couvre. Leur
abondance dans la plupart des déserts glacés, où toute autre
plante alimentaire fait défaut, est un inestimable bienfait
pour les rares habitants de ces déserts. Il me suffira de citer,
comme représentant de cette singulière famille de crypto-
games, le lichen d'Islande, dont l'art médical tire parti pour
le traitement des maladies de poitrine, et le lichen des rennes,
dont les expansions foliacées couvrent souvent de vastes
étendues de terrain, et forment de véritables pâturages où
les rennes trouvent à peu près leur unique nourriture.

Si la flore des terres polaires offre peu d'intérêt, il n'en est
pas ainsi de leur faune. Les ordres les plus importants du
règne animal, et particulièrement de la classe des mammifères, y sont représentés par des espèces non moins dignes

d'attention que celles qui peuplent les contrées sauvages de la zone torride et de la zone tempérée.

Parmi les ruminants, on pourrait citer l'élan et le cerf du Canada, qui s'avancent, le premier dans l'ancien et le nouveau continent, le second dans le nouveau seulement, jusqu'à une très haute latitude ; mais, pour m'en tenir aux espèces caractéristiques de la faune hyperboréenne, je ne parlerai ici que du bœuf musqué et du renne.

Le bœuf musqué ou *ovibos* (*ovibos moschatus*) est, comme l'indique son nom zoologique, un animal intermédiaire entre le bœuf et le mouton. Plus petit que le premier, plus grand que le second, il les rappelle également tous deux par ses formes et par son aspect. Son nez est velu et sans mufle ; ses cornes, très volumineuses et très pesantes chez le mâle, sont très larges à leur base, se rapprochent l'une de l'autre vers le sommet de la tête, puis descendent le long des mâchoires, pour se relever ensuite à leur pointe. La queue est courte et disparaît dans l'épaisseur du poil, qui est brun foncé et de deux sortes, ainsi que chez tous les animaux des pays froids : une bourre laineuse couvrant la peau d'un épais vêtement que dépassent de longs poils droits et lustrés, appelés *jarre*.

Le bœuf musqué exhale une forte odeur de musc dont sa chair même est imprégnée, et qui se communique au couteau dont on se sert pour le dépecer. C'est néanmoins un gibier fort estimé des Indiens et des Esquimaux, qui lui font une chasse active. Les bœufs musqués errent par petites troupes dans les prairies rocailleuses qui s'étendent au nord des grands lacs de l'Amérique septentrionale. Ils sont farouches, et les mâles combattent avec acharnement pour la défense de leurs femelles.

Le renne (*cervus tarandus*) est de la taille de notre cerf, mais il est plus trapu et de formes moins élégantes ; il a le cou plus court, et il le porte horizontalement, ce qui est dû peut-être au poids énorme de ses bois, qui sont plus grands chez le renne, surtout chez le mâle, que chez aucune autre espèce de cerf. Le renne est aussi de tous les cerfs, d'après Ant. Desmoulins, celui dont les bois montrent la plus grande diversité pour la direction, le nombre et la position des andouillers. D'abord ces bois sont toujours divisés en plusieurs branches grêles et pointues quand l'animal est jeune, puis s'élargissent avec l'âge en trois palmes dentelées : l'une, l'inférieure, se projette de la meule vers le museau ; l'autre, en dehors, prend naissance au-dessous du milieu de la perche ; la troisième est terminale. Le renne a le poil épais et rude, brun grisâtre sur les parties supérieures du corps, et d'un fauve pâle en dessous. Le faon n'a point de livrée. Cette espèce était autrefois répandue en Europe et en Asie jusqu'à une latitude assez basse. César le cite parmi les animaux de la forêt Hercynienne. Des troupes de rennes sauvages parcourent encore aujourd'hui les sommets boisés du prolongement des monts Ourals ; ils s'avancent entre le Don et le Volga jusqu'au 46° degré de latitude, et ils parviennent ainsi au pied du Caucase, sur les bords de la Kouma. Mais leur véritable habitat est la zone glacée qui a pour limite le cercle polaire arctique, ou plutôt la ligne isotherme de 0° centigrade. « Les rennes sauvages et domestiques, dit Ant. Desmoulins, changent de site avec les saisons. En hiver ils descendent dans les plaines et les vallées ; l'été ils se réfugient sur les montagnes, où les individus sauvages gagnent les étages les plus élevés, pour mieux se dérober aux taons et aux œstres. Schreber a représenté celle des espèces de chacun de ces insectes qui s'attache davantage au renne. Il est bien remarquable que chaque espèce d'animal a, pour ainsi dire, son insecte parasite. L'œstre effraye tant les rennes, que l'apparition d'un seul dans l'air rend furieux un troupeau de plus de mille. Comme c'est alors la saison de la mue, ces insectes peuvent déposer leurs œufs sur la peau, où les larves se logent, et multiplient à l'infini des foyers de suppuration sans cesse renaissants. Le renne se trouve au Spitzberg. Les champs de glace lui ouvrent l'accès de toutes les îles de l'océan Polaire, comme ils ont dû lui ouvrir l'accès de l'Amérique, si plutôt il n'est pas aborigène des deux continents. »

Seul du genre cerf, le renne a pu être réduit aisément en domesticité, et de temps immémorial il est devenu pour les habitants des déserts polaires ce qu'est le chameau pour les Arabes des déserts de sable. Hormis le chien, ces pauvres gens n'ont pas d'autre animal domestique. Ils l'attellent à leurs traîneaux et lui font porter de lourds fardeaux. Ils boivent son lait, se nourrissent de sa chair, se couvrent de sa peau, et façonnent avec ses bois des armes et divers ustensiles.

L'ordre des rongeurs ne compte guère, dans les déserts arctiques, d'autres représentants que le lièvre arctique et le lagomys hyperboréen. Le premier est un peu plus grand que notre lièvre d'Europe. Son pelage, très fourni, est gris en été et devient blanc en hiver. Cet animal habite le Labrador et le Groënland. Les lagomys sont de petits rongeurs qui ressemblent au cochon d'Inde. Le lagomys hyperboréen n'a pas plus de treize centimètres de long. Sa fourrure est épaisse, de couleur brun roussâtre. Ses oreilles sont arrondies et bordées de blanc. On le rencontre dans l'extrémité nord-est de l'Asie, au Kamtchatka et près du détroit de Behring.

Le groupe des carnivores arctiques, plus nombreux qu'on ne serait tenté de le croire, comprend les animaux qui fournissent au commerce les plus précieuses fourrures. Hormis le renard et l'ours blanc, tous ces carnivores appartiennent à la famille qui a pour type « l'animal à longue échine », la belette commune d'Europe (*mustela*), à laquelle elle emprunte son nom : famille des mustélidés. Les genres les plus remarquables de cette famille sont les martres, les putois, les gloutons et les loutres.

Le roi des déserts glacés, l'animal qui exerce dans ces solitudes la même tyrannie que le lion dans les déserts de l'Afrique et le tigre dans les jungles de l'Inde, c'est l'ours polaire, appelé aussi ours marin (*ursus marinus*), vulgairement connu sous le nom d'ours blanc : nom impropre, qui fait confondre l'ours des mers glaciales avec la variété albine de l'ours commun. Le premier constitue une espèce parfaitement distincte, qui a pour caractères, outre la couleur blanc jaunâtre de sa riche et moelleuse fourrure, une tête aplatie et allongée, un col long, des jambes hautes, des pieds dont la conformation est admirablement appropriée à l'habitat et à l'existence amphibie de l'animal. En effet, la plante de ses pieds est garnie d'une épaisse toison, qui permet à l'ours

Rennes de Laponie.

arctique de marcher sur la glace comme sur un tapis, et les doigts sont réunis par une membrane qui les rend éminemment propres à la natation.

L'ours arctique ne vient presque jamais à terre ; il fait son séjour des champs de glace flottants, et sa pâture des cadavres de cétacés et de phoques, et même de phoques vivants, qu'il attaque sans crainte lorsqu'il est pressé par la faim. Il ne dédaigne pas non plus le poisson, et se montre très habile pêcheur. Enfin, le cas échéant, il ne se fait point scrupule de dévorer les hommes qui s'aventurent dans ses domaines. Il est de dimensions énormes, et doué d'une force prodigieuse. On en a vu qui avaient jusqu'à trois mètres de long. La taille moyenne, dans l'espèce, est de deux mètres environ : je parle toujours de la longueur ; la hauteur, au garrot, est à peu près de moitié. Malgré leur férocité, qui n'est chez eux, comme chez les autres carnassiers, qu'une conséquence naturelle de leur appétit, les ours blancs sont assez sociables ; on les rencontre souvent en petites troupes, et plus souvent encore en famille. Le mâle, la femelle et les petits paraissent unis par les liens d'une affection qui peut aller jusqu'au dévouement le plus intrépide. La femelle surtout veille avec soin sur sa progéniture, et la défend jusqu'à la dernière extrémité. En voici un exemple remarquable, et j'oserai dire touchant :

« Un navire faisant partie d'une flottille commandée par le capitaine Philippe se trouvait enfermé dans les glaces. Un matin, la vigie signala l'approche de trois ours qui se dirigeaient rapidement vers le navire. La veille, l'équipage avait tué un phoque, l'avait dépecé, et en ce moment on faisait brûler sur la glace quelques débris de cet animal. C'était l'odeur de cette chair brûlée qui avait attiré les ours. Le trio se composait d'une femelle et de ses deux oursons, déjà presque aussi grands qu'elle. Tous trois allèrent droit au foyer, retirèrent du milieu des flammes, avec leurs pattes, des lambeaux à demi consumés, et les dévorèrent. Les marins leur jetèrent de grandes pièces de phoque qu'ils avaient mises en réserve. La vieille ourse vint les chercher l'une après l'autre pour les partager entre elle et ses petits, ne se réservant toujours que la plus faible part. Comme elle emportait le dernier morceau, les matelots tirèrent sur les oursons, qui tombèrent morts tous deux. La mère fut aussi blessée dans sa retraite, mais non pas mortellement. Ce fut, dit le narrateur, un spectacle qui eût arraché des larmes à l'homme le moins sensible, que de voir les marques de regret et de tendresse prodiguées par cette pauvre bête à ses petits.

L'ourse blanche et ses petits.

Elle leur apporta d'abord le morceau qu'elle venait de prendre, comme elle avait fait des autres, et le partagea en deux portions qu'elle mit devant eux. Voyant qu'ils ne mangeaient point, elle les toucha tour à tour avec ses pattes de devant et s'efforça de les relever, poussant en même temps des gémissements lamentables. Puis elle s'éloigna, s'arrêta à quelques pas et appela ses petits par un grognement plaintif. Comme ils demeuraient insensibles à son appel, elle revint à eux, les toucha de nouveau, les flaira de tous côtés, se traîna à quelque distance, revint encore, toujours en gémissant, lécher leurs blessures, les appeler, les retourner ; enfin, ayant acquis la certitude qu'ils avaient cessé de vivre et comprenant ce qui s'était passé, elle se dressa à demi par un suprême effort, se tourna vers le navire et poussa un rugissement plein d'angoisse et de rage, une véritable imprécation contre les meurtriers. Ceux-ci répondirent par une décharge. La pauvre ourse retomba entre ses deux petits, et mourut en léchant leurs blessures. »

D'autres animaux encore, plus marins que terrestres : les phoques et les morses parmi les mammifères, les pingouins, les manchots et d'autres palmipèdes parmi les oiseaux, mériteraient d'être décrits comme habitants des déserts polaires ; mais le lecteur me permettra de le renvoyer aux *Mystères de l'Océan*, où l'histoire de ces animaux est esquissée dans la troisième partie, consacrée au monde marin.

CHAPITRE III

On a donné le nom de race hyperboréenne à l'ensemble des populations qui occupent, tant sur l'ancien que sur le nouveau continent, les terres les plus voisines du pôle arctique. Ces populations forment-elles réellement, comme le pensent quelques anthropologistes, une race distincte et homogène; ou bien n'y faut-il voir que des tronçons détachés, en Europe, du rameau japétique; en Asie, de la race mongolique; en Amérique, de la race rouge? c'est ce que je n'entreprendrai point de décider. Je dirai seulement que si les diverses fractions du groupe dont il s'agit offrent entre elles des différences extérieures parfois très accusées, elles se rapprochent, en revanche, par des ressemblances frappantes. A la vérité, ces ressemblances sont surtout physiologiques, et paraissent devoir être attribuées exclusivement à l'action puissante, irrésistible, des agents extérieurs. S'il est, en effet, une région où l'influence du climat sur la constitution de l'homme soit manifeste, c'est assurément la zone polaire. Les conditions de la vie sont là tout autres que sur le reste du globe, et il en résulte nécessairement, dans l'organisme des hommes qui les subissent, des modifications qui doivent être regardées comme tout à fait indépendantes de l'origine des races et de leurs caractères ethnographiques proprement dits.

Les Hyperboréens sont petits, trapus, laids et difformes. Leurs jambes sont courtes et assez droites, mais si grosses,

dit Bory de Saint-Vincent, qu'on les croirait enflées et malades. Leur tête est ordinairement volumineuse. Ils ont les
cheveux longs, durs et plats, la barbe rare, la face large, la
bouche grande, les pommettes relevées, les yeux bridés et de
couleur claire (gris ou jaunâtres, jamais bleus). Leur teint
est tantôt d'un blanc jaunâtre, comme chez les Lapons, tantôt
d'un jaune plus foncé ou d'un brun rougeâtre, comme chez
les Esquimaux et les Groënlandais. Cette dernière particularité peut être invoquée comme un argument très plausible
en faveur de l'opinion qui rattache les peuplades arctiques à
des origines diverses. Elle montre aussi, une fois de plus, que
la coloration plus ou moins intense de la peau chez les races
africaines, asiatiques, océaniennes et américaines, n'est point
un effet de la chaleur solaire, ainsi qu'on le croit communément.

Considérés au point de vue physiologique, les Hyperboréens présentent des caractères plus uniformes et qui méritent
d'être signalés. C'est le tempérament sanguin qui domine
chez eux. Leur système nerveux est peu développé, leur sen-
sibilité obtuse, leur intelligence lente, leur imagination sans
ressort. Leur transpiration extérieure est presque nulle, et ils
ont coutume de la supprimer entièrement en s'enduisant le
corps de substances grasses. En revanche, les organes de la
nutrition et de la respiration sont doués chez eux d'une activité extraordinaire, et là réside tout le secret de la facilité
avec laquelle ils supportent pendant plusieurs mois de suite
les froids les plus rigoureux. On sait, en effet, que l'homme
et les animaux à sang chaud possèdent, dans leur appareil
respiratoire, un véritable foyer intérieur, où une notable partie
du carbone et de l'hydrogène contenus dans leur sang vei-
neux se brûle au contact de l'air. Mais, pour entretenir ce
foyer de telle sorte que la température du corps se maintienne
toujours à son degré normal (39° centigrades), les habitants
des pays froids ont besoin de lui fournir incessamment du
combustible, c'est-à-dire des substances riches en carbone
et en hydrogène. De là le goût prononcé des Hyperboréens
pour les huiles, les graisses et la chair ; de là la voracité de
leur appétit. Les habitants des climats chauds ou tempérés

qui séjournent dans les régions polaires ne tardent pas, du reste, à ressentir les mêmes besoins et à se repaître avec avidité d'aliments qui chez eux leur inspireraient un insurmontable dégoût.

Chose remarquable : la plupart des maladies si fréquentes et si meurtrières parmi nous sont inconnues dans les contrées polaires. En revanche, l'ophtalmie y est endémique, et les affections cutanées y sont communes, ainsi que les congestions cérébrales et pulmonaires. En somme, la population, déjà très clairsemée, des pays situés sous la zone arctique décroît de jour en jour, et sera probablement éteinte d'ici à quelques siècles.

Les mœurs des Hyperboréens sont partout à peu près les mêmes : paisibles, inoffensives et réduites, s'il est permis d'employer cette expression, au minimum possible d'activité physique et intellectuelle. Cette race, ou ce groupe de races, est représenté sur les deux continents par un assez grand nombre de peuples. Les mieux caractérisés sont, en Europe, les Lapons et les Samoyèdes; en Asie, les Ostiaks, les Iakoutes et les Kamtchadales; en Amérique, les Esquimaux.

Les Lapons habitent les côtes les plus septentrionales de la presqu'île Scandinave. Ils sont ignorants, incultes et *engourdis* plutôt que sauvages. Malgré leur contact assez fréquent avec les Russes et les Suédois, ils n'ont aucune industrie, aucun art, point d'autre commerce que celui des produits de leur chasse, de leur pêche ou de leurs troupeaux de rennes. Le christianisme, auquel ils furent convertis il y a environ deux siècles, ne les a point réveillés de leur léthargie morale et intellectuelle. « Toute la religion étant réduite pour eux à la tradition orale, dit Mme L. d'Aunet, la dévotion de chacun se proportionne à sa mémoire. L'instruction est à ce degré chez eux, qu'un Lapon instruit jusqu'à l'alphabet correspond chez nous au jeune homme sorti le premier de l'École polytechnique. »

Un autre voyageur, M. de Saint-Blaize, donne sur ce peuple les détails suivants :

« La race des Lapons va toujours en diminuant. Elle est d'origine asiatique : on le voit bien à la langue et au type de

physionomie de ces petits bonshommes... Les uns sont pêcheurs et habitent le bord de la mer; les autres sont bergers
et parcourent en tous sens les montagnes, dont la mousse
blanche nourrit leurs rennes. Pendant les trois mois d'été, le

Pêcheurs lapons.

Lapon conduit son troupeau sur les hautes régions, pour le
soustraire aux grandes chaleurs et aux moustiques; l'hiver,
il cherche à se rapprocher des habitations, principalement
pour se mieux garantir des loups, ses ennemis acharnés, dont
il ne parle jamais qu'avec un sentiment de haine profonde.
La providence du Lapon, c'est son troupeau, qui le nourrit,
l'habille et lui procure par échange du tabac et de l'eau-de-

vie, seuls objets de sa convoitise... La vie indépendante de ce
peuple nomade n'est pas sans quelque charme. Habitué dès
son enfance aux privations, aux fatigues de toutes sortes,
le Lapon en souffre peu. Son corps acquiert une vigueur ex-

Famille samoyède.

traordinaire, et la plupart de nos maladies lui sont à peu près
inconnues. Lorsqu'en voyage une Laponne donne le jour à
un enfant, elle le place dans un morceau de bois creux où
l'on a ménagé un trou grillé pour y loger la petite tête du
nouveau-né ; puis elle met sur son dos cette bûche et poursuit sa course. Quand elle s'arrête, elle suspend à un arbre sa
chrysalide de bois, que le grillage protège contre la dent des

bêtes féroces. Le revers de cette médaille si simple est que la vieillesse est presque inévitablement très malheureuse. On assure que dès qu'un Lapon n'a plus la force de se rendre utile, ses enfants l'abandonnent en route en ne lui laissant d'aliments que pour quelques jours; on trouve parfois dans la forêt des squelettes de parents morts ainsi dans l'isolement. »

Les Samoyèdes sont répandus, au nombre d'un millier de familles environ, sur les côtes de la mer Glaciale, dans le gouvernement d'Arkhangel, et en Sibérie, dans les gouvernements de Tobolsk et de Tomsk. Leur taille est un peu plus élevée que celle des Lapons, et leur teint est plus basané. Les traits de leur visage sont très accentués et rappellent le type hindou. Ils ont le front haut, les cheveux noirs, le nez long, la bouche bien dessinée; mais l'œil, enfoncé dans son orbite et voilé par une paupière lourde, exprime la dureté et la perfidie. Les mœurs des Samoyèdes sont farouches. Leur caractère est cauteleux, cruel et rusé. Ils sont pasteurs, chasseurs, trafiquants et bandits à l'occasion. Ils sont vêtus de peaux de rennes, comme les autres Hyperboréens de l'ancien continent. Ils se rasent les cheveux, hormis une touffe assez large qu'ils laissent subsister sur le sommet de la tête, et s'arrachent la barbe à mesure qu'elle pousse. Les femmes portent une ceinture en cuivre doré, et se chargent d'ornements en verroterie et en métal. « Les Samoyèdes sont païens, dit Mme Ève Felinska[1]; ils adorent le soleil, la lune, l'eau et les arbres; en un mot, ils font une divinité de tout ce qui frappe leurs yeux. »

Les Ostiaks et les Iakoutes sont établis dans la partie la plus septentrionale de la Sibérie, depuis les monts Ourals jusqu'au Kamtchatka. J'emprunte encore à Mme Felinska quelques détails curieux relatifs aux Ostiaks, qu'elle put observer de près durant son exil. Cherchant un jour son chemin dans un bois, elle rencontra deux Ostiaks en train d'accomplir leurs « devoirs religieux ». Ces devoirs consistent à se placer devant un arbre, un mélèze plus particulièrement, dans le lieu le plus écarté et le plus touffu de la forêt, et à

---

[1] Dame polonaise exilée en Sibérie, dont les *Souvenirs* ont été traduits en français par Mme Olympe Chozdko, et publiés dans le *Tour du monde*.

exécuter là des contorsions d'épileptiques. Ces démonstrations païennes leur sont défendues, dit Mme Felinska; mais, malgré le christianisme, qu'ils ont accepté, ils sont et resteront païens... Presque tous les Ostiaks portent sur eux l'image grossière des divinités qu'ils adorent sous le nom de *Schaïtan*, ce qui ne les empêche pas d'avoir sur la poitrine une petite croix de cuivre. Le schaïtan représente la figure humaine, sculptée en bois, ou plutôt taillée dans un petit morceau de bois. Le schaïtan est de différentes grandeurs, selon le prix et selon l'usage auquel on le destine; celui qu'on porte sur soi est petit; celui qui décore la maison est plus grand; mais dans toutes les circonstances le dieu est recouvert de sept chemises brodées en perles, puis on lui attache au cou des monnaies d'argent. Le dieu a la place d'honneur dans les huttes, dans les chaumières, et, avant de commencer le repas, on a bien soin de lui offrir le meilleur morceau en lui barbouillant les lèvres de poisson ou de gibier cru; ce devoir sacré étant accompli, on mange en sécurité.

« Les Ostiaks ont des prêtres appelés *scha-mans;* ces prêtres ont une énorme influence, qu'ils entretiennent à l'aide de la superstition et dans un but d'intérêt personnel : l'ambition et l'égoïsme peuvent se passer de science et de lumière pour corrompre les hommes. »

Les Ostiaks et les Samoyèdes sont grands chasseurs d'ours blancs. Il en est de même des Iakoutes, peuple voisin des Bouriates, et se rapprochant, comme ceux-ci, du type mongol. Il paraît que la chasse aux ours blancs n'a pas toujours pour but de les tuer, mais quelquefois de les prendre vivants. Mme Felinska raconte qu'elle vit un jour amener à Bérézov un troupeau considérable de ces animaux, conduits par des Ostiaks comme de simples bestiaux, et ayant l'air tout à fait inoffensifs. Elle ne nous dit point par quels procédés on les réduit ainsi à l'obéissance passive. Les Ostiaks et les Iakoutes attaquent souvent les ours blancs corps à corps, sans autre arme qu'une hache ou un long coutelas. Ils doivent frapper l'animal avec une adresse et une vigueur extrêmes pour le tuer du premier coup, sans quoi ils courent le plus grand danger. Le chasseur n'a, dit-on, rien de mieux à faire

alors que de se jeter à terre et de demeurer immobile, jusqu'à
ce que l'ours, en le flairant et en le retournant, s'offre de
nouveau à ses coups.

Les Iakoutes sont presque de taille moyenne. Ils sont ro-

Chasseur yakoute terrassé par un ours blanc.

bustes et braves, honnêtes et hospitaliers, mais adonnés à
l'idolâtrie et à la polygamie.

Les Kamtchadales sont plus petits que les Iakoutes. Ils ont
la face ronde et aplatie, le nez épaté, les pommettes sail-
lantes. Leur caractère est bienveillant et pacifique. Ils aiment
beaucoup le chant et la danse, et leurs amusements dégé-
nèrent souvent en orgies. La petite vérole et l'abus de l'eau-
de-vie ont réduit à quelques centaines de familles cette popu-
ation, qui comptait, il y a un siècle, environ quinze mille âmes.

Un seul peuple habite les immenses plaines glacées qui
s'étendent en Amérique au delà du cercle polaire : ce sont les
Esquimaux, que l'on rencontre, campés en été sous des tentes
de peaux de rennes et de phoques, blottis en hiver dans leurs

Kamtchadales.

huttes de neige, depuis le détroit de Behring jusqu'au cap
Farewell. Cette race a le teint brun rougeâtre des Indiens
d'Amérique. Par sa petite taille et par les formes du corps,
elle ne diffère point des autres Hyperboréens ; mais par les
traits du visage et par l'aplatissement du crâne, elle rappelle
singulièrement les hommes de haute stature qui habitent
l'autre extrémité du continent américain, les Patagons. La

physionomie, le caractère, les mœurs des Esquimaux ont été souvent décrits. Les courageux navigateurs qui ont exploré la mer polaire à la recherche du passage nord-ouest ont eu de fréquents rapports avec ces pauvres gens, et tous s'accordent à louer leur douceur, leur vie patriarcale, leur empressement à secourir les étrangers. Un Américain, M. Hall, le dernier voyageur qui se soit mis en quête des débris de l'expédition de John Franklin, a passé toute une année au milieu des Esquimaux, et ne tarit point en éloges sur leur bonté et leur générosité. Exclusivement chasseurs et pêcheurs, les Esquimaux n'ont point d'autre animal domestique que le chien ; ils l'attellent à leurs traîneaux et s'en servent aussi pour la chasse du phoque, du morse et du renne. Ce n'est qu'en été qu'ils se mettent à la poursuite de ce dernier animal. Ils ne manquent pas non plus, en cette saison, d'autre gibier terrestre ou marin. C'est pour eux un temps de bombance, pendant lequel ils se gorgent de chair, de sang et de graisse. En hiver, ils jeunent souvent plusieurs jours de suite et demeurent engourdis dans leurs huttes comme les animaux hivernants ; mais enfin, poussés par la famine et par le manque d'huile, ils vont sur la glace se mettre à l'affût des phoques qui viennent respirer. Lorsqu'ils ont réussi à en tuer un, ils se le partagent fraternellement et se régalent de cette proie jusqu'à ce qu'il n'en reste plus que les os, sauf à subir ensuite un nouveau jeûne. Ils vivent ainsi au jour le jour, dans des alternatives continuelles de chère lie et d'abstinence, sans que leur santé en soit altérée ni leur vie abrégée. Et, chose digne de remarque, les Européens qui consentent une fois à adopter ce régime, à boire du sang chaud, à manger de la chair crue et de la graisse de phoque, n'éprouvent bientôt plus pour cette nourriture aucune répugnance, et deviennent aptes à supporter, comme de vrais Hyperboréens, le froid terrible des longs hivers polaires [1].

---

[1] Voyez pour plus de détails : *Voyages dans les glaces du pôle arctique*, par MM. Hervé et de Lanoye; *Un Hivernage chez les Esquimaux*, par M. de Blerzy (*Revue des Deux Mondes* du 1ᵉʳ mai 1865), et *Voyages et Découvertes outre-mer au XIXᵉ siècle*, 1 vol. in-8°. Tours, 1862.

CHAPITRE IV

LES MONTAGNES

Des déserts polaires aux crêtes glacées des montagnes, la transition est naturelle. Ce sont là, pour ainsi dire, deux variétés d'une seule espèce de désert, qu'on pourrait appeler les *déserts du froid,* puisque le froid est la cause dominante qui agit de part et d'autre pour rendre le sol de plus en plus improductif et inhabitable. En effet, ce n'est pas seulement en s'éloignant de la zone tropicale qu'on voit la température moyenne s'abaisser graduellement jusqu'au point où tout liquide se congèle et où toute vie terrestre devient impossible. Le même phénomène se produit à mesure qu'on s'élève dans l'atmosphère. Il est, ainsi que je l'ai exposé ailleurs [1], une conséquence des propriétés du mélange gazeux qui enveloppe notre globe, et il s'accomplit suivant certaines lois que la science a pu constater et expliquer. On sait aujourd'hui que l'abaissement de la température est toujours proportionnel à l'altitude des lieux ou des couches atmosphériques; mais la valeur du rapport qui existe entre les deux termes peut être modifiée par diverses circonstances, telles que la direction du vent régnant, l'état hygrométrique de l'air, l'heure du jour et surtout le climat, où,

---

[1] *L'Air et le Monde aérien,* Ire partie, chap. x.

pour mieux dire, la latitude thermique. Plus le climat est chaud, plus la différence est sensible entre la température de l'air au niveau de la mer et celle qu'on a observée à une certaine hauteur; plus grande néanmoins est la hauteur à laquelle il faut s'élever pour trouver la région où le thermomètre ne descend jamais au-dessous de zéro, et où, par conséquent, les neiges et les glaces des montagnes ne fondent en aucune saison.

On évalue approximativement, en moyenne, à un degré par 187 mètres d'élévation dans la zone torride, et à un degré par 150 mètres dans la zone tempérée, le refroidissement de l'air. Dans les régions polaires, d'après MM. Becquerel, la décroissance de la température est insensible jusqu'à une certaine hauteur, qui n'a pu être mesurée. A Ingloolich, par 69° 21' de latitude boréale, le capitaine Parry a enlevé un cerf-volant à 130 mètres de hauteur avec un thermomètre à *minima*.

La température de l'air, à cette hauteur, était de 31° au-dessous de zéro, comme sur les glaces de la mer. Humbodt a trouvé un degré d'abaissement par 180 mètres sur le Chimboraço. De Saussure avait trouvé un degré pour 144 mètres sur le mont Blanc.

La limite des neiges éternelles, qui, aux pôles, s'abaisse jusqu'au niveau de la mer, s'élève de plus en plus à mesure qu'on descend sous des latitudes plus basses, et atteint son maximum de hauteur vers la ligne équinoxiale. Il suit de là que, dans les contrées voisines du cercle arctique, de très petites montagnes se montrent en toute saison couvertes de frimas, tandis que, sous les tropiques, il faut, pour rencontrer des amas de neige persistante, atteindre une altitude de 4,500 mètres et plus.

Par 65° de latitude nord, dans les Alpes Scandinaves, la limite des neiges perpétuelles n'est qu'à 1,500 mètres. Dans les Alpes de Savoie, par 45° environ, elle est à 2,550 mètres. M. Strachey ne l'a trouvée qu'à plus de 5,000 mètres sur le versant sud de l'Himalaya, et à 4,250 mètres sur le versant nord. Enfin, dans les Andes de Bolivie, elle est comprise, d'après Pentland, entre 4,800 et 4,928 mètres.

Ainsi, en pleine zone torride, il suffit de s'élever à quatre

à cinq mille mètres pour se trouver transporté, des plaines
calcinées dont le sable brûle les pieds du voyageur, ou des
épaisses forêts où croissent spontanément les plantes que
nous cultivons à grand'peine dans nos serres chaudes, au
milieu de véritables déserts de glaces. Et de l'un à l'autre
de ces extrêmes, dans l'espace de quelques heures, on traverse tous les climats qui se succèdent depuis l'équateur jusqu'au pôle ! Mais je dois signaler, entre les déserts polaires
et la région neigeuse des montagnes, une différence importante qui est toute à l'avantage des premiers.

On a vu que, sous les plus hautes latitudes, l'homme
trouve, dans l'activité exceptionnelle de ses fonctions de nutrition, et surtout de sa respiration, un puissant réactif
contre l'intensité du froid extérieur. Cette ressource lui
manque dans les lieux que nous considérons maintenant. En
vain tenterait-il, pour résister au froid, de modifier son régime ordinaire, de boire du sang chaud, de manger de la
chair crue et de la graisse : son estomac rejetterait de tels
aliments ou ne les digérerait qu'avec peine, et il n'en souffri-
rait pas moins de l'extrême rigueur de la température. C'est
qu'au pôle l'air arrive abondamment dans les poumons, et sa
pression maintient fortement l'équilibre des fluides du corps.
Il n'en est pas ainsi dans les couches supérieures de l'atmosphère : à mesure qu'on s'élève, l'air se raréfie et sa pression
diminue. Par suite, la respiration devient difficile et doulou-
reuse; la quantité d'oxygène destinée à entretenir la chaleur
animale par la combustion du carbone et de l'hydrogène du
sang devient insuffisante ; en même temps, les tissus et les
liquides qu'ils renferment se dilatent; la transpiration, au lieu
de diminuer, éprouve une augmentation relative; si la pression
atmosphérique est par trop faible, le sang s'extravase, s'écoule
par le nez, par les oreilles, par les pores de la peau. En un
mot, ce malaise particulier qu'on a nommé le *mal des montagnes,* et qui n'est pas toujours sans danger, s'empare du
voyageur le plus aguerri et le contraint bientôt à regagner le
voisinage des plaines.

Donc, lorsqu'on vante l'*air pur et vif* des montagnes, la
vigueur et la santé dont jouissent leurs habitants, cela ne

doit s'entendre, en réalité, que des collines élevées qu'on décore en maint endroit du nom de montagnes, ou des plateaux
qui forment les premiers degrés des grandes chaînes. Ce sont
là les seules montagnes habitées et habitables. C'est là seulement que la culture de quelques plantes est encore possible,
que les bêtes sauvages trouvent encore des forêts ou des
buissons, et les bestiaux des pâturages; que l'homme peut
se fixer, bâtir des demeures, se livrer à l'élève des bestiaux,
à la chasse ou à quelques industries plus sédentaires. Remar-
quons d'ailleurs que la salubrité de l'air des hautes terres a été
fort exagérée, et que si l'on voit des montagnards agiles, robustes, intelligents, on en rencontre aussi un grand nombre
qui sont affectés de maladies organiques beaucoup plus rares
ou tout à fait inconnues dans les plaines, telles que le goître,
les scrofules et le crétinisme.

La structure des montagnes, leur forme, la nature de leur
sol, suffiraient, à défaut des conditions météorologiques que
je viens d'indiquer, pour en interdire le séjour, souvent même
l'accès, à l'homme et à la plupart des animaux. Un puissant
intérêt scientifique ou artistique, parfois aussi l'amour de cette
vaine gloire qui s'attache à toute entreprise audacieuse, peuvent seuls pousser de hardis explorateurs ou des touristes
téméraires à s'aventurer sur des rampes escarpées, à cheminer sur des sentiers taillés dans le roc au-dessus de précipices sans fond, à escalader des murailles de glace, à braver,
en un mot, les périls sans nombre de ces prodigieuses ascen-
sions dont plusieurs, hélas! sont demeurées tristement
célèbres dans les annales des voyages.

Il n'entre point dans notre plan de tracer l'histoire géologique des montagnes. On sait que leur formation a été attri-
buée, d'après une théorie très satisfaisante, aux soulèvements
et aux épanchements de la matière ignée qui, aux âges primitifs, bouillonnait sous la croûte solide produite par le
refroidissement superficiel de notre planète, et dont l'efferves-
cence, bien que considérablement ralentie, ne laisse pas de se
manifester encore de nos jours par les phénomènes volcaniques et les tremblements de terre. A diverses reprises,
l'enveloppe du globe se serait boursouflée, crevassée, et au-

rait livré passage à des flots de substances minérales en fusion ; celles-ci, se solidifiant à leur tour, auraient produit ces aspérités que nous appelons des montagnes : aspérités énor-, mes par rapport à nous, très petites si on les compare au volume de la sphère terrestre [1].

La distribution des montagnes à la surface des continents et des îles et les formes qu'elles affectent semblent, au premier abord, tout à fait capricieuses et irrégulières. Cependant une observation attentive montre que le hasard n'a pas seul présidé à la production tumultueuse et violente de ces reliefs du globe. Et d'abord toute montagne qui n'est pas un volcan se relie nécessairement à d'autres montagnes et forme une *chaîne* plus ou moins longue, et s'écartant peu de la ligne droite, ou plutôt de l'arc de grand cercle. Les chaînes principales peuvent se ramifier, se relier par des *nœuds* à d'autres chaînes secondaires, et donner naissance à des *systèmes* de montagnes, mais les apparentes irrégularités de ces systèmes peuvent toujours être ramenées à une commune direction. Si de la disposition des montagnes on passe à leur distribution, on reconnaît que les chaînes issues d'un même travail géologique sont toujours sensiblement parallèles, et les chaînes successives sensiblement perpendiculaires entre elles, en sorte que l'âge d'une chaîne est donné par sa direction ; et cette sorte de symétrie n'a rien qui doive étonner, si l'on se rappelle que toute substance préalablement liquéfiée ou dilatée par la chaleur, et qui subit, en se refroidissant, des retraits dus au rapprochement de ses molécules, se fendille avec une certaine régularité, et ordinairement suivant des lignes qui se coupent à angle droit. Or c'est par les fendillements de l'écorce terrestre refroidie que se seraient échappées, selon l'hypothèse admise par les géologues, les matières en fusion qui, en se solidifiant à leur tour, ont formé des montagnes. Je ne fais qu'indiquer ces considérations,

[1] On a calculé que la hauteur du sommet le plus élevé de l'Himalaya, par exemple, étant de 8,840 mètres, l'effet qui en résulte n'est pas plus sensible que ne le serait celui d'une aspérité d'environ 6 dixièmes de millimètres sur une sphère qui aurait 1 mètre de diamètre.

dont le développement nous entraînerait dans une digression trop longue [1].

Si nous considérons maintenant la forme des montagnes, nous verrons que cette forme dépend essentiellement de la nature des roches qui les constituent. Le granit, par exemple, est une des roches qui offre les formes les plus variées. Il abonde dans la zone tropicale, et semble préférer les chaînes peu élevées. Les montagnes granitiques se distinguent, en général, par des flancs abrupts et unis, des cimes pointues ou dentelées, des abords escarpés, des vallées étroites et sauvages, des versants profondément fouillés.

Le gneiss, roche feldspatique et micacée, à structure schistoïde, se rencontre en feuillets tantôt horizontaux ou légèrement inclinés, tantôt ondulés et plissés vers le bord. Les contours des montagnes de gneiss sont moins tranchés que ceux des montagnes de granit; mais on y remarque encore des entailles et des dentelures.

Le porphyre constitue plus souvent des cimes isolées, à flancs presque verticaux, que des chaînes continues. « Les montagnes porphyrétiques, dit M. A. Maury, impriment au paysage l'aspect le plus pittoresque. » Cette roche se présente parfois sous la forme de longs fûts juxtaposés; on la désigne alors sous le nom de *porphyre columnaire* : ce sont des groupes de ces fûts qui, dans quelques pays, ont été appelés *Orgues*, à cause de leur ressemblance avec les jeux d'orgues de nos églises.

Au Mexique, on remarque deux montagnes que les habitants connaissent sous le nom de *los Organos*. L'une est celle de Mamanchota, située au nord du village indien d'Actapan. « La partie élancée du rocher, dit Humboldt, a 100 mètres de hauteur; mais l'élévation absolue du sommet de la montagne, là où les *Organos* commencent à se détacher, est de 1,385 toises (2,770 mètres). » L'autre est le Jacal, qui est à 3,200 mètres d'élévation absolue, et que couronnent des forêts de pins et de chênes.

Mais les *Orgues* les plus célèbres sont celles qui se dressent

---

[1] Voyez, dans le t. IV de l'*Annuaire scientifique* publié par M. P.-P. Dehérain, l'excellente notice de M. Reitop sur *les Systèmes de montagnes*.

au fond de la baie de Rio-de-Janeiro. « Ce n'est pas seulement l'aspect de ces cimes aiguës, dit M. le docteur Yvan,
qui rappelle le grave instrument de nos cathédrales; les sons
étranges qui s'échappent d'entre ces cylindres de pierre ren-

Orgues de Rio-de-Janeiro.

dent l'analogie plus frappante encore et complètent l'illusion.
La voix de la tempête, les plaintes des forêts que le vent incline, les rugissements lugubres des jaguars, les cris des
singes hurleurs, passant entre ces pics sonores, produisent
une harmonie devant laquelle l'instrumentation humaine est
sans grandeur. On sent que c'est l'âme universelle qui fait

mouvoir les touches du formidable clavier. La *serra dos Organos* est couverte de forêts vierges sur les trois quarts de son étendue ; ce n'est qu'à de longs intervalles qu'on rencontre, dans quelques vallées, des traces de l'industrie humaine, ou qu'on traverse quelques bassins circulaires privés d'arbres, dans lesquels croît une herbe abondante, dont se nourrissent les troupeaux de bœufs et de chevaux enfermés dans ces parcs naturels. »

Les *Orgues* d'Épailly (Haute-Loire) et de Bart (Corrèze), et les *Colonnades* de Chenavari (Ardèche) appartiennent à la formation basaltique, si curieuse souvent par sa disposition en colonnes prismatiques d'une extrême régularité. Le basalte donne aussi naissance à des chaînes qui ressemblent à de vastes murailles, quelquefois encore à des pyramides, à des plateaux ou à de simples mamelons.

Les trachytes, roches massives très rudes au toucher, forment tantôt des cônes, tantôt des dômes ou *ballons* énormes, tantôt des coupoles à pointes effilées comme les minarets. Les craies, les grès, les diorites ont également leur aspect propre, et impriment aux montagnes où ils dominent et aux paysages qui les environnent une physionomie aisément reconnaissable. Tout le monde connaît enfin la forme particulière qu'affectent les montagnes volcaniques[1].

Les grandes chaînes de montagnes sont inégalement distribuées dans les différentes parties du monde, et leur disposition varie d'une façon remarquable d'un continent à l'autre. Des deux directions principales auxquelles on peut les ramener, celle des parallèles et celle des méridiens, c'est la première qui prévaut dans l'ancien monde, et la seconde dans le nouveau.

En Europe les montagnes sont nombreuses, mais en général peu élevées. Au nord nous trouvons les Alpes Dophrines, qui s'étendent d'un bout à l'autre de la presqu'île Scandinave, et les montagnes d'Écosse, si riches en sites pittoresques ; dans l'Europe occidentale et méridionale, les montagnes de France : Vosges, Jura, Cévennes ; puis le magnifique

---

[1] Voyez, au tome II des *Tableaux de la nature*, de Humboldt, le chapitre *De la structure et du mode d'action des volcans*.

groupe des Alpes, qui fait de la Suisse et de la Savoie le rendez-vous de tous les touristes aventureux, de tous les admirateurs de la belle nature, et qui se prolonge, par la chaîne des Apennins, jusqu'à l'extrémité méridionale de l'Italie; les Pyrénées et les montagnes abruptes et sauvages qui hérissent la péninsule ibérique; à l'est, les Carpathes, le Caucase, et enfin les Ourals, gigantesque muraille qui seule sépare naturellement l'Europe de l'Asie. Outre ces deux dernières chaînes qui lui sont communes avec l'Europe, l'Asie présente, dans sa partie occidentale, le Taurus et l'Anti-Taurus en Asie Mineure; en Syrie, le Liban et l'Anti-Liban; dans sa partie centrale, les grandes chaînes de l'Altaï, du Thian-Chan, du Huen-Lun et de l'Hindou-Koh; plus au sud, bornant au nord l'Hindoustan, les Himalayas, où se trouvent les sommets les plus élevés du monde entier : le Djamahir, qui a 7,845 mètres de haut; le Dawhalagiri, qui en a 8,180; le Kunchinjunga, qui en a 8,588; le Dapsang, qui en a 8,625, et le Gaurisankar, mesuré par les frères Schlagintweit, et dont l'altitude est de 8,840. Enfin dans l'Hindoustan même s'élèvent les Ghattes, double chaîne qui s'étend sur toute la péninsule, et qu'on distingue en occidentales et en orientales; les Nilgherries, ou montagnes Bleues, qui relient entre elles les deux rameaux des Ghattes; les monts du Bérar, qui séparent les bassins du Tapti et du Godavery, et les monts Vyndiah, situés entre ces deux rivières, la Djumna et le Gange.

La plupart des montagnes de l'Afrique n'ont pas été explorées, encore moins mesurées. Elles offrent, en général, cette particularité que leur base repose sur de vastes plateaux étagés en terrasses successives. La chaîne la plus connue est celle de l'Atlas, qui paraît se rattacher à la même formation que les Pyrénées, et qui sépare la région méditerranéenne de la région désertique. Les plus hautes crêtes de l'Atlas n'atteignent pas 4,000 mètres. L'Afrique est partagée, dans sa plus grande largeur, par l'immense ligne des monts Kong et des monts de la Lune (*Djebel-al-Komr*). Les premiers aboutissent sur l'Atlantique aux caps Sierra-Leone et Verga; les seconds se relient à l'est aux montagnes de l'Éthiopie. Le long de la côte orientale s'étendent, du nord au sud, les montagnes Neigeuses et les monts Lupata, venant se terminer aux célèbres montagnes de la Table, du Tigre et de la Tête-de-Lion, qui se dressent comme d'énormes remparts sur la pointe méridionale du continent africain. A la chaîne des Lupata appartient le Kilimandjaro, considéré jusqu'ici comme la plus haute montagne de cette partie du monde, et qui pourtant ne dépasse pas 6,000 mètres. Les cimes les plus élevées des montagnes de l'Éthiopie atteignent 4,500 à 4,600 mètres. Les monts Camerons, dans le golfe de Guinée, s'élèvent à 4,000 mètres environ.

Si l'Asie possède, comme on vient de le voir, les plus hautes montagnes du globe, c'est dans le nouveau monde que nous allons trouver à la fois les plus immenses chaînes et le système orographique le plus nettement dessiné. Nous remarquerons en premier lieu que tous les reliefs importants de ce double continent sont dirigés du nord au sud; en second lieu, que ces reliefs sont groupés, le long des côtes orientales et occidentales, en deux systèmes inégaux, convergeant l'un vers l'autre du nord au sud. Le système oriental, qui est de beaucoup le moins important, est constitué dans l'Amérique du Nord par les monts Meaby, les montagnes Vertes et les Alleghanies, et dans l'Amérique du Sud par les petites chaînes brésiliennes d'Espinhaço, de Mar et des Orgues. Le système occidental, ou système des Cordillères, s'étend presque sans interruption d'une extrémité à l'autre des deux continents, en passant par les isthmes de Tehuantepec et de Panama, depuis les steppes glacés de l'Amérique russe jusqu'à la Terre-de-Feu et aux îlots adjacents, qui ne sont, à proprement parler, qu'un archipel de rochers volcaniques brisés et dispersés par d'effroyables commotions plutoniennes. Ce système est représenté dans l'Amérique septentrionale par la chaîne côtière des Alpes du Nord-Ouest et des Alpes Californiennes, et, un peu plus à l'est, par les deux chaînes rigoureusement parallèles des montagnes Rocheuses. Celles-ci sont continuées au sud par le grand plateau d'Anahuac, qui s'abaisse en atteignant l'isthme de Tehuantepec, pour se relever bientôt en une longue série de pics volcaniques et rejoindre la Cordillère

des Andes, qui longe toute la côte orientale de l'Amérique
du Sud.

« Depuis les rochers de granit de Diego-Ramirez et les
côtes profondément échancrées de la Terre-de-Feu, qui

Le Gaurisankar (Himalaya).

contient à l'est des couches de schiste silurien, et à l'ouest le
même schiste réduit à l'état de granit par l'action du feu
souterrain, jusqu'à l'océan Glacial arctique, dit Humboldt,
les Cordillères ont une étendue d'environ 1,500 myriamètres.
Élevées au-dessus d'une crevasse qui divise d'un pôle à
l'autre la moitié de notre planète, elles dépassent en gran-

deur l'espace qui, dans l'ancien continent, sépare les colonnes d'Hercule du cap glacé de Tchouktchi, situé à l'extrémité nord-est de l'Asie. Les Cordillères sont ainsi, non pas
la plus haute, mais la plus longue de toutes les chaînes de
montagnes...

« Pendant quelque temps (1830 à 1848) on a considéré
comme les points culminants sur toute la chaîne des Cordillères : le *Nevado de Sorata*, nommé aussi *Ancohuma* ou *Tu-
subaya* (latitude sud, 15° 51'), un peu au sud du village de
Sorata ou d'Esquibel, dans la chaîne orientale de Bolivia :
hauteur 3,949 toises, ou 23,692 pieds ; le *Nevado de Illimani*,
faisant également partie de la chaîne orientale de Bolivia, au
sud de la mission d'Yrupana (lat. sud, 16° 38') : hauteur
3,753 toises ; le *Chimboraço*, dans la province de Quito (lat.
sud, 1° 27') : hauteur 3,350 toises.

« Le Sorata et l'Illimani avaient été mesurés pour la première fois, en 1827 et 1828, par un géognoste distingué,
Pentland ; mais nous savons depuis le mois de juin 1848,
époque à laquelle il a publié sa grande carte représentant le
bassin des lagunes de Titicaca, que les évaluations qui précèdent étaient surfaites en ce qui concerne le Sorata et l'Illimani, de 3,718 et 2,675 pieds. La carte donne au Sorata
21,286 et à l'Illimani 21,149 pieds anglais, c'est-à-dire seulement 19,974 et 19,843 pieds en mesure de France. M. Pentland a été amené à ce résultat par une revision exacte des
opérations trigonométriques. Il a trouvé sur la Cordillère
occidentale quatre pics élevés de 20,360 à 20,971 pieds de
Paris. Le pic Sahama serait ainsi de 871 pieds plus haut que
le Chimboraço, bien qu'il reste de 796 pieds inférieur à
l'Aconcagua. »

CHAPITRE V

LES PLANTES ET LES ANIMAUX DES MONTAGNES

Les mêmes changements que l'on observe dans les caractères de la végétation en s'avançant vers le pôle se repro-
duisent, on le devine aisément, lorsqu'on s'élève sur les
montagnes. Seulement, dans le premier cas, la gradation
est lente et peu sensible; dans le second, elle se manifeste
rapidement; en sorte qu'une distance de quelques centaines
de mètres en altitude équivaut à un parcourt de plusieurs
degrés en latitude. A peine est-il besoin d'ajouter que plus
le climat est chaud, plus il faut s'élever pour atteindre la
zone où ne croissent plus que les espèces propres aux contrées glaciales.

Par tout pays, la flore de la région inférieure des montagnes est sensiblement la même que celle des plaines adjacentes, et ce n'est guère qu'à un millier de mètres environ
qu'on la voit changer d'aspect. Dans l'Europe tempérée, le
sapin de Normandie et l'*epicea* commencent à former, à cette
altitude, des forêts très étendues. Ce sont des arbres de quarante à cinquante mètres de hauteur, au port pyramidal, au
feuillage sombre, aux rameaux penchés, et dont l'écorce se
couvre de divers lichens, notamment d'usnées, dont on voit
les filaments longs, rameux et jaunâtres pendre aux bran-

ches des individus les plus âgés. A l'ombre de ces arbres résineux croissent le chèvrefeuille, le rosier des Alpes, le framboisier. A la base des troncs séniles se développent les tiges
rampantes ou grimpantes, et toujours vertes, des lycopodes

1. Sapin avec usnée barbue. — 2. Grande gentiane jaune.
— 3. Lis martagon.

à massue et à feuilles de genévrier. Dans les stations rocailleuses, la grande gentiane jaune montre ses longs épis de
fleurs dorées à côté de l'élégant lis martagon, aux corolles
rouges pointillées de jaune et roulées en forme de turban.
Plus haut, entre quinze cents et deux mille mètres, le pin

Cembro, assez rare en France, plus commun dans les montagnes de l'Europe centrale, et le mélèze, dont les feuilles
tombent chaque hiver, sont les derniers représentants de la
flore vraiment arborescente.

Si l'on monte encore, on ne trouve plus guère qu'une végétation herbacée. Çà et là seulement, dans les parties tour-
beuses et dans les ravins abrupts, se montrent encore quelques bouleaux et quelques saules rabougris, à peine aussi
hauts que les herbes qui les entourent. C'est aussi dans les
dépressions rocailleuses que végètent les rosages ou rhododendrons ferrugineux, seuls représentants chez nous d'un
genre qui compte dans les montagnes de l'Asie de nombreuses
espèces. La flore des prairies alpines est, du reste, extrêmement variée. Les graminées y dominent, mais associées à
d'autres familles qui diaprent des plus brillantes couleurs le
tapis verdoyant de ces froides régions ; c'est le jaune vif ou
l'oranger des composées, le bleu des *phyteuma,* des pieds-
d'alouette et des campanules, le rose des œillets et des cen-
taurées, le pourpre foncé des nigritelles. Dans les lieux plus
secs on admire les fleurs bleues des petites gentianes et les
fleurs blanches des saxifrages. Ces végétaux à tige menue
enfoncent profondément leurs racines dans le sol, et leur
feuillage se couvre d'une substance visqueuse ou d'un duvet
cotonneux et blanchâtre. Quelques-unes des plantes qui
garnissent les hautes croupes des montagnes d'Europe sont
douées d'une odeur agréable et aromatique et de propriétés
stimulantes. Telles sont les armoises (*artemisia*) et les achil-
lées. A la première de ces familles appartient le génépi
(*artemisia glacialis*), que les montagnards considèrent
comme une panacée universelle, et qui entre dans la composition de la liqueur des chartreux.

A l'approche des neiges éternelles, sous l'influence des
brises glaciales, la végétation se raréfie de plus en plus et se
réduit à quelques espèces qui rachètent par leur beauté leurs
infimes dimensions. Telles sont la campanule d'Allioni aux
élégantes clochettes bleues, le ravissant saxifrage à feuilles
opposées, dont les fleurs roses s'épanouissent encore sur les
rivages du Spitzberg, la soldanelle des Alpes, la renoncule

des glaciers; plusieurs androselles, dont quelques-unes n'ont pas plus d'un centimètre de hauteur; enfin, à la dernière limite, et végétant jusque sur les moraines des glaciers, où nulle autre plante ne peut vivre, le myosotis nain, qui croît en petites touffes couvertes de poils blancs et étoilées de jolies fleurs bleues. Plus haut, on ne rencontre plus que de rares lichens tapissant les rochers, et parfois, naissant dans des circonstances inconnues, cette algue miscroscopique, le *protococcus nivalis*, dont les globules rouges communiquent à la neige une teinte sanglante.

La flore des montagnes nous offrira, dans les autres parties du globe, la même série de dégradations, commençant aux groupes qui peuplent les basses terres de chaque zone géographique, et aboutissant à ceux qu'on ne trouverait plus, au niveau de la mer, que sous la zone glaciale. Quelques chaînes offrent cependant des genres ou des espèces qui leur sont exclusivement propres. C'est sur les crêtes de l'Atlas et du Liban, à une altitude de quinze cents à dix-huit cents mètres, que les cèdres majestueux étendent leurs rameaux. Les cèdres de l'Atlas atteignent une hauteur de quarante mètres, et leur tronc mesure, à la base, d'un mètre à un mètre cinquante de diamètre. « Jeunes, ils ont, dit M. Ch. Martins, une forme pyramidale; mais quand ils s'élèvent au-dessus de leurs voisins ou du rocher qui les protège, un coup de vent, un coup de foudre, un insecte qui perce la pousse terminale, les privent de leur flèche; l'arbre est découronné : alors les branches s'étendent horizontalement et forment des plans de verdure surperposés les uns aux autres, dérobant le ciel aux yeux du voyageur qui s'avance dans l'obscurité sous ces voûtes impénétrables aux rayons du soleil. Du haut d'un sommet élevé de la montagne, le spectacle est encore plus grandiose. Les surfaces horizontales ressemblent alors à des pelouses du vert le plus sombre ou d'une couleur glauque comme celle de l'eau, sur lesquelles sont semés des cônes violacés; l'œil plonge dans un abîme de verdure au fond duquel gronde un torrent invisible. »

Le cèdre de l'Atlas constitue, sinon une espèce, au moins une variété distincte du cèdre du Liban. Ce dernier est au-

jourd'hui fort rare sur la montagne que l'on considère comme
sa patrie. Les forêts qu'il y formait autrefois ont disparu. La
Billardière, qui explora le Liban vers la fin du siècle dernier,
n'y compta pas plus d'une centaine de ces arbres ; encore sur
ce nombre n'y en avait-il que sept qui fussent de grandes

Cèdre du Liban.

dimensions. On sait que le bois de cèdre jouissait parmi les
anciens d'une grande réputation d'incorruptibilité, et qu'il
fut préféré à tout autre pour la construction du temple de Jérusalem. Il est cependant d'un grain peu serré, très semblable
au sapin, dont il est difficile de le distinguer, et les modernes
en font peu de cas.

Parmi les plus gros cèdres du Liban, on en cite deux qui ont été mesurés : l'un par Corneille Lebrun en 1682, l'autre par Maundrell en 1697. Le premier avait douze mètres trente-quatre centimètres de circonférence à la base, le second dix mètres quatre-vingt-quinze centimètres. Les plus beaux cèdres de nos parcs sont loin de ces dimensions gigantesques. Celui du muséum de Paris, planté en 1734 par B. de Jussieu, mesurait en 1861 trois mètres quarante-cinq centimètres de tour à un mètre du sol, et trois mètres quatre-vingts centimètres au ras du sol. Cet arbre a perdu sa flèche, il y a longtemps, par l'atrophie du bourgeon terminal, ce qui a forcé ses rameaux à pousser horizontalement. Ceux-ci ont environ quinze mètres de longueur, et couvrent, par conséquent, une surface de près de cent mètres de circonférence.

Si nous voulions maintenant passer en revue la série complète des zones de végétation, c'est au nord de l'Hindoustan, dans l'Himalaya, ou dans l'Amérique méridionale, sur la Cordillère des Andes, qu'il faudrait nous transporter. Nous verrions la flore des tropiques déployer encore, sur les premiers gradins de ces chaînes immenses, toute sa richesse et toute sa puissance; puis, entre ces douze cents et deux mille mètres, nous retrouverions à peu près les plantes propres aux pays tempérés et celles qui n'appartiennent qu'aux climats septentrionaux. Sur les versants de l'Himalaya, les pins, les cyprès s'élèvent jusqu'à deux mille cinq cents mètres. A partir de cette limite, on voit apparaître une grande variété de rhododendrons, arbustes à ramifications buissonnantes, grêles, flexibles et presque grimpantes, à feuillage toujours vert, à fleurs élégantes et brillamment colorées. Ces arbrisseaux s'étendent jusqu'à quatre mille mètres; quelques espèces vont même jusqu'à cinq mille mètres; mais ce ne sont plus alors que des arbuscules nains et rampants. A ces plantes sont associées, vers l'altitude de trois mille mètres, des aunes, des bouleaux et des saules. Les prairies se couvrent en même temps d'un nombre prodigieux de renonculacées, de composées, de saxifrages, de primulacées, auxquelles succèdent des lichens. Les mêmes lois président donc toujours à la distribution orographique des plantes. Seulement l'influence de l'altitude est contre-balancée ici par celle du climat; d'où il résulte que les espèces arborescentes persistent à une hauteur bien plus grande que sur les montagnes d'Europe.

RHODODENDRONS DE L'HIMALAYA

1. R. pendulum. — 2. R. Dalhousie. — 3. R. nivale.

De même que l'Himalaya résume, pour ainsi dire, la flore de tous les climats de l'ancien monde, de même aussi la Cordillère des Andes, et notamment la partie de cette chaîne située entre le Pérou et le Venezuela, présente tous les types des végétaux du nouveau monde, échelonnés sur ses plateaux et sur ses versants comme sur d'immenses gradins. Dans la

18

région inférieure, les plantes de l'Amérique tropicale, favorisées par un sol marécageux, revêtent leur plus riche parure. Entre six cents et douze cents mètres, la végétation n'est déjà plus aussi brillante ni aussi variée; mais elle n'a pas encore dépouillé son caractère original. On y remarque toujours en abondance des myrtacées, des laurinées et des bignoniacées, ainsi que de nombreuses plantes épiphytes : orchidées, fougères, broméliacées. De douze cents à trois mille mètres, on voit successivement apparaître des végétaux appartenant aux contrées de plus en plus froides de l'Amérique septentrionale : des escallonies, des magnoliacées, des vacciniées, des solanées. Çà et là apparaissent encore des broméliacées et quelques autres végétaux épiphytes. On rencontre même dans cette zone un petit nombre de palmiers, entre autres des *ceroxylon* et des *diplothenium*. Mais bientôt après la végétation arborescente disparaît presque entièrement; on ne trouve plus que des arbustes rabougris, semblables par leurs dimensions à ceux qui, dans nos Alpes, succèdent aux mélèzes. Puis viennent des prairies formées surtout de composées, d'ombellifères et de saxifragées; puis enfin des lichens, dernières plantes que l'on aperçoive avant d'atteindre la limite des neiges éternelles.

Si la loi qui préside à la distribution orographique des végétaux était applicable au règne animal, nous devrions retrouver sur les sommets glacés des montagnes les mêmes espèces ou du moins des espèces analogues à celles que nous avons vues au voisinage du pôle. Il n'en est point ainsi. Les plantes croissent partout où elles trouvent, avec un climat supportable, un sol où leurs racines puissent se fixer et puiser les sucs propres à la nutrition; mais les conditions qui rendent une contrée habitable pour les animaux, — j'entends surtout pour les animaux supérieurs, — sont autres et plus complexes. La facilité de se déplacer, d'aller et de venir pour chercher leur nourriture est une de ces conditions, et assurément une des plus essentielles. Or le nombre des animaux terrestres capables de gravir les pentes escarpées, de courir sur les crêtes étroites et de franchir les précipices est extrêmement restreint. Cependant quelques herbivores excellent dans ces périlleux exercices. Ce sont les ruminants de petite taille, aux jambes grêles, au petit pied ongulé : mouflons, chèvres sauvages, bouquetins, chamois, chevrotains, qui cherchent à des hauteurs inaccessibles un refuge contre les attaques de l'homme et des carnassiers, et qu'on voit bondir avec une agilité et une précision merveilleuses de rocher en rocher, souvent même de glaçon en glaçon.

Nous pouvons négliger les espèces de rongeurs qui gîtent sur les montagnes. Une seule mériterait notre attention · c'est la compagne traditionnelle du pauvre petit Savoyard, la *marmotte en vie* des Alpes ; mais cet intéressant animal est assez connu de nos lecteurs pour que je puisse me dispenser de le décrire.

Dans les gorges profondes et dans les épaisses forêts qui couvrent les plateaux élevés vivent solitaires et farouches les congénères de *l'homme à la pelisse blanche* des déserts polaires : les ours au pelage épais et de couleur sombre. Bien que, par leur organisation, ces animaux semblent destinés à se nourrir de chair, et que leur vigueur leur permette de s'emparer des plus gros gibiers, — ce qu'ils font, en effet, à l'occasion, — leur régime est omnivore, et même ils montrent, en général, une prédilection marquée pour les aliments de nature végétale. On le voit du reste à l'empressement avec lequel les ours captifs de nos ménageries sollicitent et acceptent le pain, les gâteaux et les fruits que les visiteurs s'amusent à leur présenter. Dans leurs montagnes ils se soucient bien moins d'attaquer l'homme que de le fuir ; mais, attaqués par lui, ils se défendent bravement en se dressant sur leurs pieds de derrière et en cherchant à étouffer leur agresseur entre leurs bras puissants. Pris jeunes, ils s'apprivoisent sans peine, et montrent une intelligence supérieure à celle de tous les autres carnassiers.

Gravissez les montagnes les plus sauvages, les plus tourmentées, jusqu'à la limite où toute vie cesse : au flanc d'un rocher perpendiculaire, dans une crevasse, dans une anfractuosité où jamais nul pied d'homme ou de quadrupède n'a pu se poser, vous apercevrez des branchages entrelacés ; si vous pouvez approcher assez, vous verrez des débris, des os rongés, vous sentirez une odeur de charnier. Regardez plus attentivement : vous verrez de petits êtres s'agiter sur cette couche impure. Vous aurez devant les yeux la demeure d'un de ces tyrans de l'air, aigles ou vautours, qui seuls peuvent élire domicile à de telles hauteurs. J'ai esquissé ailleurs l'histoire de ces rapaces[1]. Toutefois je ne puis moins faire que de mentionner ici le plus grand, le plus redoutable d'entre eux, celui qui les dépasse tous par la puissance de son vol : le condor des Andes. Cet oiseau a les mœurs et la voracité des autres vautours ; comme s'il avait conscience de sa force prodigieuse, il se montre plus audacieux. Il s'empare souvent d'animaux vivants ; mais ses ongles non rétractiles, émoussés par leur frottement sur les rochers, ne lui permettent point d'enlever sa proie : il se contente de la maintenir à terre à l'aide d'une de ses serres, et la déchire avec son bec. Gorgé de nourriture, il devient incapable de s'envoler. On peut alors l'approcher ; mais si l'on tente de le saisir, il oppose une résistance désespérée, et comme la vie est chez lui d'une ténacité extraordinaire, la victoire coûte souvent à l'homme le plus robuste de longs efforts et de cruelles blessures.

Le condor est de tous les oiseaux celui dont le vol est le plus élevé : d'Orbigny en a vu au niveau du sommet de l'Illimani, à sept mille cinq cents mètres, c'est-à-dire dans une zone où l'homme ne peut résister à la raréfaction de l'air. — Le manque d'air, c'est là ce qui, bien plus encore que le froid, défend contre toute occupation les hauts glaciers des montagnes. Au pôle, parmi les glaces, les animaux, suffisamment protégés par l'épaisseur de leur fourrure ou de la couche graisseuse qui double leur peau, peuvent vivre ; ils trouvent dans les mers voisines une nourriture suffisante. L'homme même, s'il ne peut habiter ces déserts, peut du moins s'y aventurer : il y respire. Mais ces cimes perdues au-dessus des nuages, à 7 et 8,000 mètres d'altitude, où non seulement la neige est éternelle, et où le soleil est sans chaleur, mais où l'air cesse d'alimenter la respiration et de main-

---

[1] *Le Monde aérien*, 1 vol. in-8°. Tours, 1880, Alfred Mame et fils, éditeurs.

tenir l'équilibre des tissus et des éléments fluides de l'organisme, où la mort est certaine au bout de quelques heures, —
c'est là vraiment le désert absolu, inexpugnable, où l'aigle et
le condor eux-mêmes évitent de s'arrêter, et que l'homme
doit renoncer à conquérir jamais.

FIN

TABLE

17277. — Tours, impr. Mame.